哇！精彩！

了解"植物"就读这一本

Encyclopedia of
Plant

精心绘制全景高清插图·展现令人惊叹百科世界

植物

量身打造，为孩子打开科学之门，
让小科学家的梦想从这里起航！

发现之旅
那些植物的事

百科全书

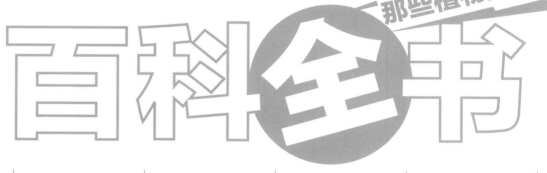

李继勇◎主编

民主与建设出版社
·北京·

图书在版编目（CIP）数据

儿童植物百科全书 / 李继勇主编 . —北京：民主与建设出版社，2018.9（2023.1 重印）

ISBN 978-7-5139-2275-3

Ⅰ.①儿…　Ⅱ.①李…　Ⅲ.①植物－儿童读物　Ⅳ.① Q94-49

中国版本图书馆 CIP 数据核字（2018）第 194316 号

儿童植物百科全书
ERTONG ZHIWU BAIKE QUANSHU

出 版 人　李卢笑
责任编辑　郭长岭
封面设计　张　珺
出版发行　民主与建设出版社有限责任公司
电　　话　（010）59417747　59419778
社　　址　北京市海淀区西三环中路 10 号望海楼 E 座 7 层
邮　　编　100142
印　　刷　北京市松源印刷有限公司
版　　次　2018 年 10 月第 1 版
印　　次　2023 年 1 月第 2 次印刷
开　　本　889 毫米 ×1194 毫米　1/16
印　　张　16 印张
字　　数　90 千字
书　　号　ISBN 978-7-5139-2275-3
定　　价　118.00 元

注：如有印、装质量问题，请与出版社联系。

目录 Contents

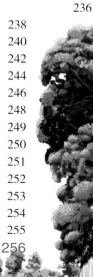

前　言

　　自然界让人不得不叹服的一点儿是它为人类提供了生存所需要的所有资源，我们从自然中索取食物、工具等一切物资，而其中最丰富的，为我们提供最多资源的当然是多种多样、千奇百怪的植物。

　　有了植物和森林的庇护，地球才能这样安然地运转，我们才不至于生存在荒芜一片的沙漠里，才能有水喝，有食物，有适宜的温度生活。就算最凶猛的动物之王，也因为地球上有了植物才能生存下来。

　　植物这样重要，你了解吗？

　　本书以地球上的植物为主体，为你展现了不同植物的形貌、作用等，生动地描述和画面让你更加了解植物，无论是你见过的还是从未听闻的，这里都将一一为你呈现，拓宽知识面的同时也教会你在大自然中生存：选择有益的植物作为食物。这样，即使流落到荒岛，你也可以安全地生活下去。

植物世界

　　植物世界是地球上一个庞大复杂的生命体系，它们是一种主要的生命形态，在世界各地，比如草原、森林、高山甚至两极和海洋中都有植物的身影。植物可以为我们提供氧气，还能提供热能和食物，所以植物是大自然中不可缺少的部分。

　　地球上的植物大约有50万种。要很好地认识和利用这些植物，就要对它们进行分门别类的研究，于是产生了"植物分类学"。

　　"植物分类学"的任务可不轻呢！它不仅要鉴别物种、给物种取名，还要梳理物种间的亲缘关系，推断物种起源、进化的过程，区别不同物种的分布区域和生活习性。

　　植物分类等级按大小从属关系为：界、门、纲、目、科、属、种。其中，"种"是最基本的单位。同种的植物，其形态、生理特征和生活习性相同且稳定。

植物的命名

给植物取名字可一点儿都不简单。世界上有一套通用的取名方法，叫作"国际植物命名法规"。根据这个法规，植物的命名是根据分类等级确定的，"种"就是植物的名称。

举个例子来说，我们常见的小麦，它的科属分类就挺复杂，它是植物界—被子植物门—单子叶植物纲—禾本目—禾本科—小麦属—小麦种。

植物的结构

　　一般高等植物的构成包括根、茎、叶、花、果实和种子，由它们组成一株完整的植物，只有每个部分都有效发挥出自己的功能，这株植物才能存活下去。

根　根不仅能让植物稳稳地站在地上，还能从土壤中吸收水分和养料。

茎　茎将植物撑起来，并把根从土地中获取的养分传送给整株植物。有些植物的茎还能直接储存养料和水分。

叶　叶中含有的叶绿素，在阳光下产生光合作用，为植物的生长提供营养，并释放氧气。

花　花朵不仅美观，也是孕育果实、繁殖后代的基地。

果　果实是植物生命力的象征，许多植物的种子就藏在果实中。在野生自然环境中，果实是保证种子萌发的营养库。很多植物的果实美味可口、营养丰富，已经成为人们餐桌上的佳肴。

种子让植物不断繁衍，创造了大自然生生不息的活力。

叶
花
茎
根

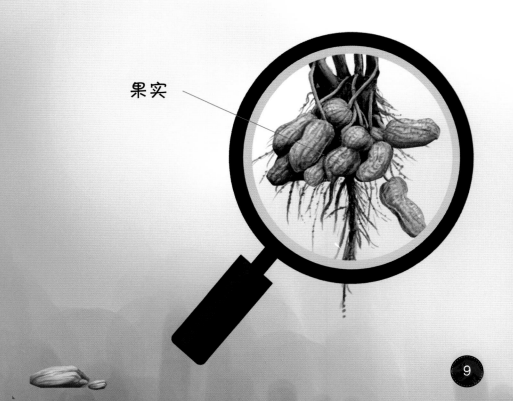

果实

叶子的分类及形状

人们根据叶片长度与宽度的对比以及最宽处的位置，将叶子分为以下形状：扇形、菱形、条形、针形、披针形、三角形、心形、肾形、卵形、倒卵形、长卵形、圆形、长圆形、椭圆形、马褂形、匙形等。

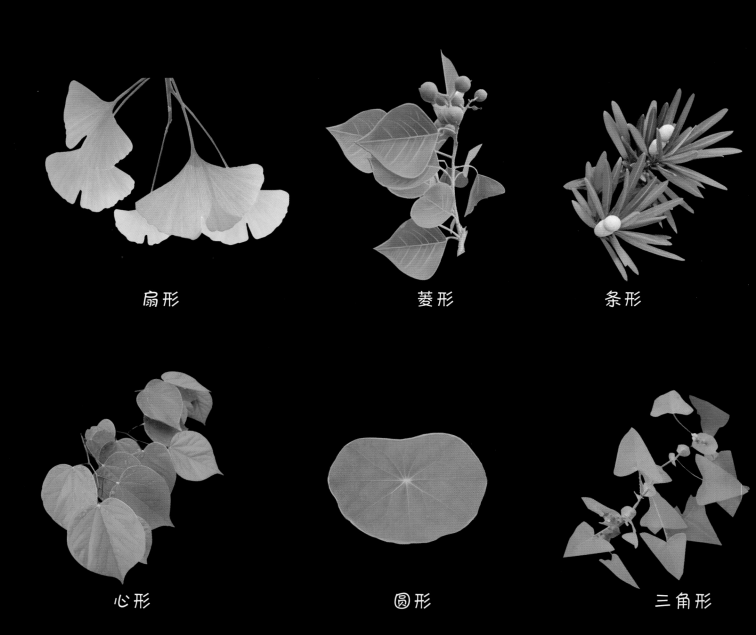

扇形   菱形   条形

心形   圆形   三角形

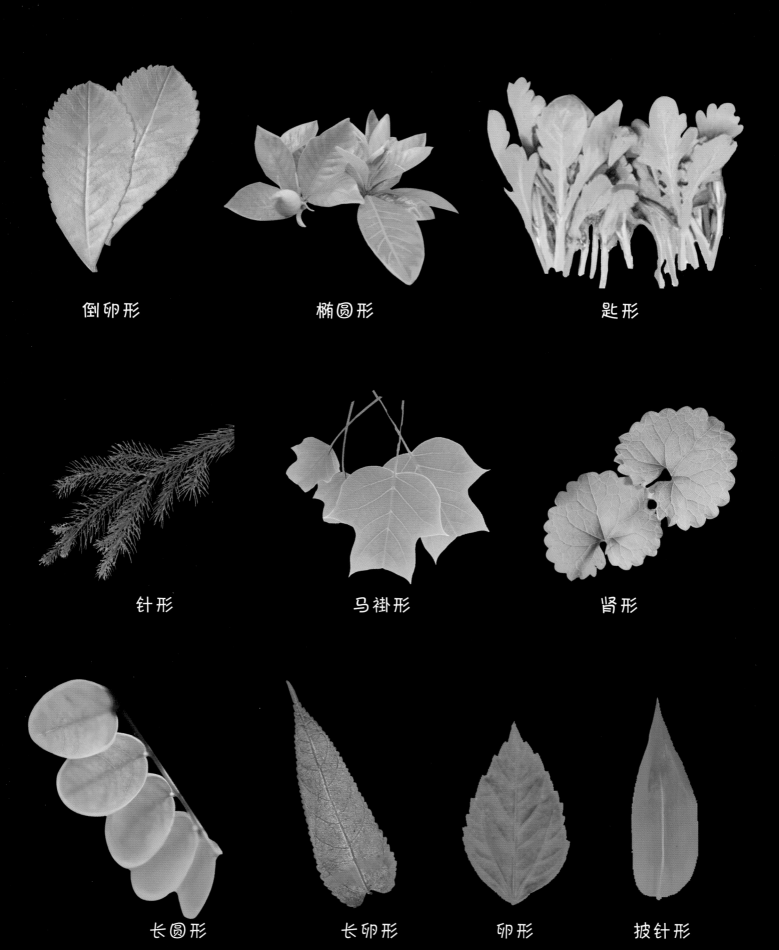

倒卵形　　　　　　　椭圆形　　　　　　　匙形

针形　　　　　　　马褂形　　　　　　　肾形

长圆形　　　　长卵形　　　　卵形　　　　披针形

藻类植物

藻类植物包括了好几种不同类型以光合作用产生能量的生物，它们一般被认为是简单的植物，而且这些藻类还和一些高等植物有密切关系。不过藻类缺乏一些高等植物所有的根、茎、叶和组织细胞结构。

藻类植物颜色

一般藻类体内除了有叶绿素、胡萝卜素和叶黄素外还含有其他的色素，有些藻类呈现出绿色、蓝色、红色、黄色、褐色等不同颜色，因为它们细胞内含有藻蓝素、藻红素和藻褐素等不同色素。

水华现象

所谓"水华"，就是淡水水体中生物营养物质过多使某些蓝藻类过度生长的水污染现象。

现在，随着城市化和工业化的发展，大量富含营养物质的废水排入海中，营养物质促进了藻类的繁殖和聚集，赤潮频发。浮游生物遮蔽了阳光，使水下植物的光合作用停止，海水氧含量下降，给海洋生物的生存带来了灾难。

你知道吗？

　　浮游生物的密度达到每毫升水体 $10^2 \sim 10^6$ 个细胞时，水体颜色就会发生变化。水华现象在海洋中称为"赤潮"。很多浮游生物都能引发"赤潮"，其中鞭毛虫类和硅藻类的作用最大。

蓝藻门

蓝藻门是地球上最原始、最古老的一种植物类群。约有150属，分布极广，常见的蓝藻门有念珠藻、螺旋藻等。

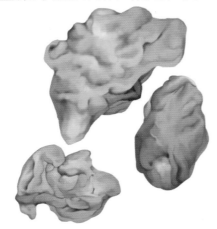

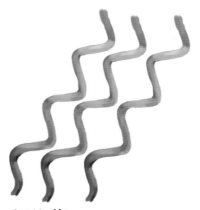

念珠藻

念珠藻是一种多细胞的丝状体植物，一串或者是多串念珠藻共同生活在一种胶质中。它们还是一种可以食用的藻类，可以产生许多稀有的天然活性物质。现在人们已经从念珠藻中发现很多有用的物质，比如多糖、维生素等化合物。

螺旋藻

螺旋藻体内的色素分布在一个色素区中，体内有一个没有颜色的中央区，类似于细胞核，只不过细胞核中没有核仁和核膜，因此，螺旋藻属于原核生物。

红藻门

红藻的颜色多为红色或者是紫红色，体形也非常小，少数能超过1米。红藻体内还有一种非溶性碳水化合物，具有很高的营养价值，其中常见种类有紫菜、石花菜等。

紫菜

紫菜可以入药，制成中药后有清热解毒、化痰、补肾养心的功效。

石花菜

石花菜通体透明，看起来像胶冻，口感非常爽脆，可以作为凉拌菜食用，而且从石花菜中可以提炼琼脂。

绿藻门

绿藻门是藻类家族中最大的种群，世界各地都可以看到它们的身影，而且绿藻的细胞壁由纤维组成，光合作用后的产物是淀粉，这些都说明绿藻与现在的高等植物有密切的关系。

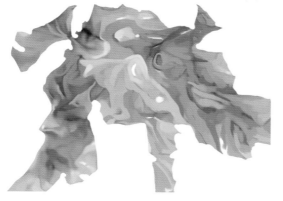

石莼

石莼样子和白菜有点儿像，所以也被叫作"海白菜"，它们通常生长在海岸边的岩石上，可以长到40厘米长，可以作为蔬菜食用。

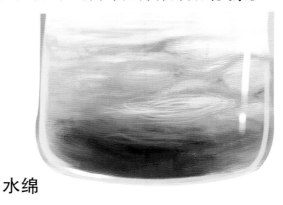

水绵

水绵不仅可以作为鱼饵，还能入药，它们具有清热解毒的功效，而且水绵体内的叶绿素含量在绿藻中最多。

黄藻门

黄藻类植物多生于淡水中，不过在其他环境中也可以看到黄藻类植物的身影，比如酸性水、碱性水，甚至土壤中也有黄藻类植物生长。不过它们大多数都喜欢在温度较低的水中生长。

褐藻门

褐藻的结构大多都比较复杂，因为它们许多都是由细胞构成的，属于比较高级的藻类，体内不仅有叶绿素，还含有大量的藻黄素，常见的褐藻有裙带菜和海带。

墨角藻

墨角藻呈辐射状四散生长，它们在较深的海水中也能进行光合作用。它们表面有一种黏滑的液体，处理过后可以作为护肤品。

裙带菜

裙带菜是一种天然的微量元素和矿物质的宝库，它们体内含有许多人们需求的物质，所以也被人们称为"聪明菜"，多食用有助于身体健康。

海带

海带也叫作"昆布"，是一种含碘量很高的海藻，多食海带能防治甲状腺肿，还能预防动脉硬化，降低血中胆固醇。

菌类植物

菌类是一种真核生物，与植物最大的不同大概就是它们不能像植物那样进行光合作用，自行生产养料。菌类植物约有7.2万多种，分为黏菌门和真菌门。同时具有植物和动物特点的黏菌约有500多种。其他菌类都是真菌，它们几乎无处不在。

马勃菌

马勃菌成熟后一般比成人的拳头小一点儿，用来做中药，可以治疗咽痛、失音等症状，处理后外敷还可以止血，是一种珍贵药材，具有非常高的药用价值。

灵芝

灵芝又称"灵芝草"，是中国传统的珍贵药材，可以增强人体免疫力，调节血糖，控制血压，还具有保护肝脏、促进睡眠等作用。

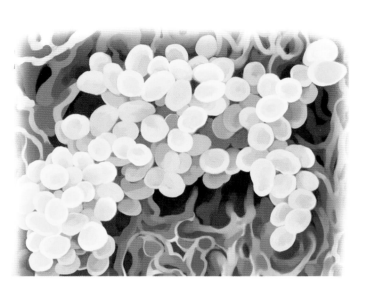

酵母菌

　　酵母菌主要生长在偏酸性的潮湿含糖的环境中，是一些单细胞真菌的总称。它们经过处理后可以治疗消化不良的症状，还有我们喝的酸奶等乳制品的制作也会用到酵母菌。

青霉菌

　　青霉和黄青霉都属于青霉菌，从它们中可以提炼出青霉素，青霉素是医疗中的一种重要药品。

毒蝇伞

　　毒蝇伞是一种含有神经性毒素的典型毒菇，它们与松树共生，为深红色，有白色的菌褶和白色的斑点，在野外看到松树上有这样的小蘑菇时就要注意，千万别误食。

金针菇

金针菇有细长的柄，顶部长着伞状的菌盖，菌盖下面有很多被称为"菌褶"的细小褶皱，菌柄、菌褶和菌盖三部分组成了金针菇。金针菇经常成束地生活在一起，在白杨树、柳树等树的枯干上可以找到它们。

金针菇别名"毛柄金钱菌"，在各大洲均有分布。金针菇口感顺滑，营养丰富，氨基酸含量超高，是大众喜爱的食用菌。

你知道吗？

金针菇多在秋冬和早春季节栽培，它没有叶绿素，不能进行光合作用，所以必须从外界吸取养分。

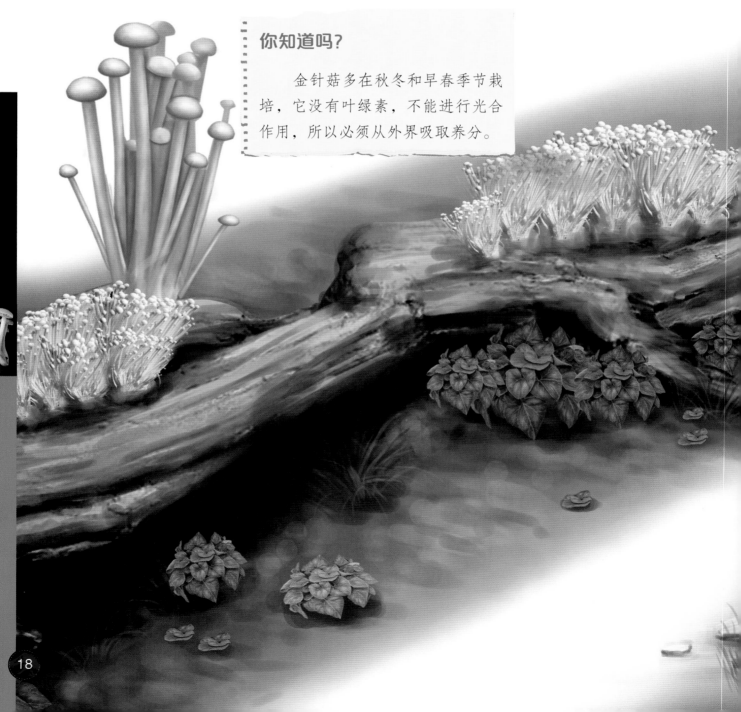

平　菇

　　平菇是一种短柄的常见食用菇，在野外环境中，多生长在潮湿、阴凉、光照少的地方。成熟的平菇下端是较粗的柄体，菌盖大又层层叠在一起。平菇的蛋白质和氨基酸含量非常高，对提高人体免疫力和新陈代谢的能力有很大益处。平菇能带来很大经济效益。

　　平菇有许多名字呢！它原名"侧耳"，在中国又称"天花""槐莪"等，国外多称其为"蚝菌"，我们的近邻日本则叫它"造口蘑"。另外，它还有许多别名，如"北风菌""美味侧耳""糙皮侧耳"等。

　　平菇虽然看着不起眼，但对人的身体健康却有着重大的意义。它有祛除风寒、舒筋活络的效用，可以治疗关节疼痛、降低血压和胆固醇。

香 菇

　　香菇也称"花菇"，菌柄短，菌盖成伞状，直径在5~20厘米之间，表皮多为褐色，但肉质呈白色，成熟后的菌盖会长到膨胀开裂。在我国，香菇是一种山珍美味，还未入口就能闻到一股沁人的香味，其中蕴含的丰富维生素则使它成为对身体极好的补品。

　　香菇喜欢阔叶树的倒木。孢子萌发的时候，需要潮湿温暖的环境，在5~27℃的气温环境下，菌丝都能生长。但是木材具有天生的保温效果，所以，即使温度低于−20℃或高于40℃，菌丝也会藏在菇木中，不会死亡。只要温度变得适宜，它们照样生长。

　　香菇要经过气温变化才能结实，所以特别钟爱四季分明的温带气候。我国大部分省份都适宜香菇的繁殖。不过，当气温高于20℃时，香菇结出的果实质量较差，所以，它的最佳生长季节在冬春之际。

儿童植物百科全书

菌类植物

茶树菇

　　茶树菇的菌盖呈平展的圆形，表皮为暗褐色，有浅浅的褶皱，但菌肉则为白色。茶树菇多生长在温暖湿润的地区，过冷和过热的地区都不会生长。茶树菇不仅味道鲜美，所含的氨基酸种类更有18种之多。茶树菇又名"茶薪菇"。生长在潮湿温暖的高山和密林中，寄居在茶树根茎处。

你知道吗？

　　茶树菇是柱状田头菇的一个亚种。按照植物分类学，它属于真菌界—担子菌门—担子菌纲—伞菌目—粪锈伞科—田头菇属—柱状田头菇种。

　　柱状田头菇又名"柱状环锈伞"，根据寄生的植物不同而分为不同的亚种，包括茶树菇、杨树菇、柳松茸等。

杨树菇

　　柱状田头菇生长在杨树上就称为"杨树菇"。它的外表与茶树菇基本相同。

　　1950年，国外科学家首次人工栽培杨树菇成功。我国从20世纪80年代开始，在福建省率先尝试人工生产杨树菇，如今已经获得巨大成功，福建、云南、贵州、江西、浙江等地都已经成为杨树菇生产的重要基地。

杨树菇的营养价值

　　杨树菇菌盖肉质肥厚，菌柄香脆，营养丰富，食用后有健脾清热的效用，健康又美味。

菌类植物

黄金菇

　　黄金菇是一种名贵的食用菌，因外皮呈漂亮的金黄色而得名。黄金菇菌盖直径在3~12厘米之间，中间与柄部连接的地方有坡度较缓的凹槽，大体呈伞状，成束的黄金菇生长在一起就像鲜花一样漂亮。

　　黄金菇的学名为"金顶侧耳"，又被叫作"榆黄菇"或"金顶菇"，人们称它为"真菌之花"。

　　黄金菇不仅看起来赏心悦目，吃起来更是美味与营养兼备。另外，黄金菇还有杀菌、防炎症、抗癌的作用，药用价值极高。

长根菇

长根菇薄薄的菌盖呈向上辐射的扇形，表皮上带有细小的辐射状褶皱，表面褐色，肉质白色。圆柱状的菌柄长度在5~18厘米之间，是名副其实的"长根"。长根菇在木屑、棉籽壳、玉米芯粉上都可以生长，虽然生长环境简陋，但其富含蛋白质、氨基酸和维生素等，适合任何人群食用。

长根菇对生长条件的要求并不高，在20~25℃的环境中非常容易种植，营养价值极高，因此受到大众的喜爱。

长根菇的别名

长根菇还有几个别名呢，比如"长根奥德菇""大毛草菌""露水鸡""长根金线菌"等。

白灵菇

　　白灵菇通体洁白，是一种珍稀食用菌。粗粗的柄部顶着菌盖部分，菌柄几乎与菌盖直径一样。白灵菇的食用和药用价值都很高，所含的矿物质和维生素能增强人的体质。此外，它的味道也极为鲜美。

　　白灵菇有很高的药用价值。白灵菇中所含的多种氨基酸，多种有益健康的矿物质，特别是真菌多糖，具有增强人体免疫力，促进新陈代谢，调节人体生理平衡的作用。

　　现在，人们已经广泛培育这种蘑菇了。在刺芹、阿魏、拉瑟草等伞状草本植物的根茎上，都能见到野生的白灵菇。在我国，人工培植白灵菇的产地主要在新疆地区，包括伊犁、塔城、木垒和阿勒泰等地。

你知道吗？

　　阿魏是新疆独有的一种药材。白灵菇在阿魏的植株上最常见，所以白灵菇在最初被称为"阿魏菇"。白灵菇的洁白无瑕，又为它赢得了"白灵芝"的称号。

　　阿魏菇的发现，还和一个大人物有着密切的关系呢！最早的时候，阿魏菇生长在戈壁滩上，夏季的时候，那里天气炎热，人迹罕至，而"白灵芝"为这块荒芜的地域增添了一丝活力。有一天，成吉思汗率军经过此地，无意中发现了这种充满灵气的生物，从此，阿魏菇开始进入人们的视野。很多人为了一睹它的芳容不惜独涉险境，但真正能寻到它的人却非常少。

地　衣

　　地衣就是藻类植物和真菌建立起共生关系后形成的一种新的独特的植物。

壳状地衣

　　这种地衣的菌丝与基质紧密贴合在一起，有一些菌丝还长到了基质内部，因此很难与基质分离。

叶状地衣

　　这种地衣呈扁平叶状，叶状体依靠假根或脐固定在基质上，比较疏松，所以易与基质剥离。

枝状地衣

　　这种地衣个体呈直立或下垂的树枝状或柱状，仅基部与基质相连，比如直立的石蕊属。

苔藓植物

苔藓植物身材非常矮小，大多数在2~5厘米，只有少数品种能达到30厘米。虽然它们的身形娇小，但其身影遍布世界各地。另外，它们还具有很大的经济价值。

土马骔

土马骔又被叫作"千年枞"，为苔藓类金发藓科金发藓属大金发藓种，具有清热解毒、凉血止血的功效。

土壤酸碱指示器

如果一片土壤中生长着大金发藓或者白发藓，则说明这片土壤呈酸性；反之，如果生长着墙藓则说明这片土地呈碱性。

白发藓呈灰绿色或灰白色，体形比较粗壮，茎直立或倾立，长度可达8厘米。常见于针阔混交林或阔叶林中。

蕨类植物

蕨类植物是高等植物中比较低级的一种，与其他高等植物不同，它们的孢子体有根、茎、叶之分，但是没有花，并不依靠种子繁殖，而是以孢子繁殖延续。

水韭

水韭体形很小，具有肉质球茎，茎下面生有根，茎上面长有叶，大部分种类的水韭生长于水中，只有少数品种长在土地上。

真蕨

真蕨科大多数植物都是陆生的，很少有水生，它们主要附生在其他植物上。它们非常不耐寒，所以主要分布于热带或者是亚热带地区。

松叶蕨

松叶蕨是一种最原始的多年生陆生草本植物，它们体形纤细，是一种药材，主要功能是活血化瘀、祛风除湿。

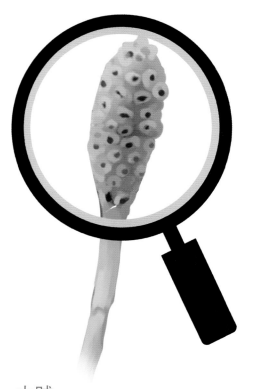

木贼

　　木贼为木贼科多年生草本植物，喜欢在潮湿阴冷的环境下生活，可以作为药材，主要功能是明目、散热、止血等。

裸子植物

　　裸子植物是世界上最早的一种用种子繁殖的植物，因为它们的种子外面没有果皮包裹，所以被很形象地称为"裸子植物"。裸子植物中有很多古老的原始植物，比如银杏、水杉等，都被称为"植物界中的活化石"。

各种裸子植物的球果

松树的球果

银杉的球果

银杏的球果

云杉的球果

裸子植物典型的生命周期

种子

胚珠

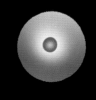

花粉

球果

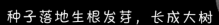

受精

种子落地生根发芽，长成大树

球　果

　　球果是裸子植物种子的一种形态，外围没有子房壁包裹，也不形成果实，所以这一类植物都被称为"裸子植物"。

紧密型聚合果

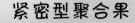

球果的分类

　　根据球果表面所覆盖的鳞片，可将球果分为紧密型聚合果和松散型聚合果。

　　紧密型聚合果一般为椭圆形，像个小圆柱，它们排列整齐，外围果肉呈蓇葖状，有秩序地叠盖在果轴上，而果轴不裸露出来，比如说木莲、木兰、鹅掌楸一类植物的球果。

　　松散型聚合果外围的小蓇葖呈穗状松散排列，果轴会暴露出来并且有点儿扭曲，不像紧密型聚合果那样直挺，金叶含笑、黄心夜合等植物的球果就属于松散型聚合果。

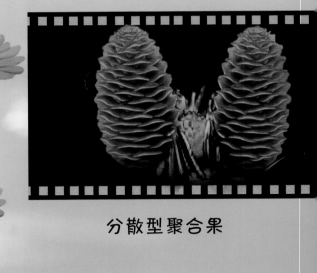

分散型聚合果

儿童植物百科全书

裸子植物

侧　柏

　　侧柏是一种常绿的乔木，叶子和松树类的针形不同，短而平整，整齐地叠靠在树枝上，被称为"鳞叶"。侧柏的木质非常细致而且有一股香气，非常抗腐蚀，是一种上乘的木材。

　　侧柏是中国特有的树种，它们雌雄同株，种子呈长卵形。它们非常喜欢阳光，可以抗旱但不抗涝，能够在偏酸或者偏碱的土地中生存。侧柏生长速度缓慢，但寿命很长。

你知道吗？

　　侧柏其实是一种有毒的植物，它的树干和叶子可使人畜中毒，引起腹痛、恶心、呕吐的症状，但是从它的叶子中提取出的一种中枢镇静物可用于医学研究。

松 树

松树的树冠非常有特色，呈蓬松的三角形，"松"这个字也是由此而象形得来。松树的叶子是典型的针形，短小而坚韧。作为常青树的一种，松树就算在寒冷的冬天叶子也能保持绿色。

松树一般都非常耐寒，但是也有个别的松树对热量的要求很高，比如热带地区的南亚松就是对热量要求最高的一种松树。

松树还是一种适应性非常强的植物，它们能在各种性质的土壤中生存。湿润土地上的松树大多比较适应酸性土壤，但也有例外，油松和白皮松就比较适应碱性土壤。

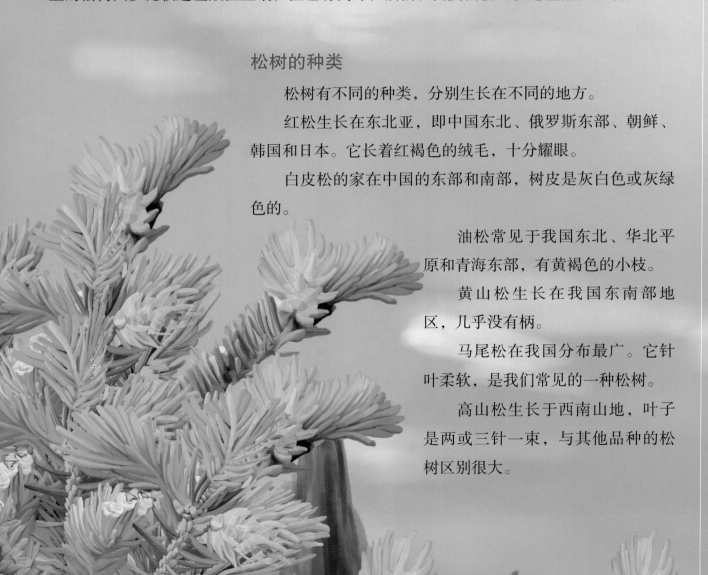

松树的种类

松树有不同的种类，分别生长在不同的地方。

红松生长在东北亚，即中国东北、俄罗斯东部、朝鲜、韩国和日本。它长着红褐色的绒毛，十分耀眼。

白皮松的家在中国的东部和南部，树皮是灰白色或灰绿色的。

油松常见于我国东北、华北平原和青海东部，有黄褐色的小枝。

黄山松生长在我国东南部地区，几乎没有柄。

马尾松在我国分布最广。它针叶柔软，是我们常见的一种松树。

高山松生长于西南山地，叶子是两或三针一束，与其他品种的松树区别很大。

新疆五针松分布在中国的新疆、俄罗斯东北部和西伯利亚等地。它的毛是淡黄色的。

华山松生长在我国中部地区，处于由东部平原向西部高原过渡的地段。它没有绒毛，只有绿色的小枝。

苏 铁

苏铁是一种古老的植物，它们在三叠纪时期就已经扎根在地球上了，在被子植物还没出现的时代，苏铁作为一种坚韧的裸子植物蓬勃生长。

苏铁也被叫作"铁树"，因为它们的树干非常坚硬，就像铁打的一般。苏铁特别喜好在含铁元素的微酸性土壤中生长。苏铁的树干很坚硬，但是它们的枝叶又像芭蕉那样四散开来，所以苏铁也被叫作"凤尾铁"。苏铁喜欢强烈的阳光，是一种常青树种，不耐寒，所以一般都生长在湿润温暖的地域。

苏铁的叶子可以入药，对治疗胃痛、咳嗽、吐血等病症有特殊功效。

身披"鱼鳞"的苏铁树

在苏铁的树干上是一些落叶的痕迹，它们像鱼鳞一样叠盖在树干上，非常有特点。苏铁体形优雅美观，顶端长着阔大的羽叶，是一种珍贵的观叶植物。

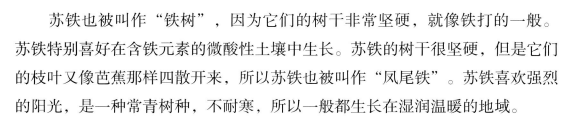

你知道吗？

苏铁还有一个非常有名的说法："千年铁树开花。"在南方生长环境良好的地方，苏铁可以一年开一次花，而有的苏铁甚至几十年才开一次花。苏铁雄花开在叶片的内侧，雌花开在茎的顶端，而且雌雄花期又不一致，所以在北方那种不利于苏铁生长的环境下想得到种子就更加困难。

红桧

红桧是中国台湾特有的一种树木，它们一般都在海拔1000~2000米的山地地区生长，是仅次于红杉的又一种大树，它们的高度可以达到60米。

红桧有"亚洲树王"的美称，作为东亚地区最高大的树种，在台湾它一直被称为"神木"。红桧不仅树形高大，也是一种有名的长寿树，在林海深处，两三千年寿命的红桧比比皆是。

红桧的材质非常好，纹路也很美观，树干边缘黄色中透出淡红，越往里颜色就越接近黄褐色，并且木材有一种沁人心脾的香气，非常耐湿，是造船的好材料。

红桧小树枝上面的叶子呈菱形，绿色，再往下，叶子呈灰白色，两侧的叶子呈船形，不过叶子都是前端很尖锐，随后渐渐阔大。

来自宝岛的特产

红桧是宝岛台湾的特产，主要分布在台湾中央山脉。那里气候温和、湿润，四季如春，降水充沛，为红桧树提供了舒适的生活环境。

银　杏

　　银杏是地球上古老的树种之一，它和苏铁一样，从三叠纪时期就已经在地球上生存。银杏还被称作"公孙树"，因为有这样一种说法：一人种下银杏后，到了他的孙子那一代才能结出果实。

　　银杏的叶子呈扇形，比较长的枝干上面的叶子生长得比较散，而短树枝上的叶子则成团成簇地生长。银杏树细长的叶柄连接扇形的叶子，叶脉形式和其他的裸子植物不同，反而和蕨类植物相类似，这也说明了银杏树的特别和树种的古老。银杏自身能抵御病虫害，被称为无公害树木。

　　银杏4~5月开花，9~10月成熟，结出橙黄色的果实。

　　中国自古以来就种植银杏，是银杏的故乡。

　　银杏可以食用，叶子可以泡茶，有淡淡的苦味，清肺，去火，解暑。

儿童植物百科全书

裸子植物

你知道吗？

　　银杏的种子有非常高的营养价值，形状为卵球形，外面有一层白粉覆盖，所以也被叫作"白果"。银杏种子虽然有止咳润肺的药用价值，但大量食用后会中毒，所以食用时要谨慎。

会变色的树皮

　　银杏树干笔直，姿态优美，生长缓慢，寿命却非常长。幼树的树皮比较光滑，呈浅灰色；长成大树后，树皮有一些不规则纵向的痕迹，树皮变成灰褐色。

红　杉

红杉又称"海岸红杉""常青红杉""加利福尼亚红杉"，是世界上最高大的树种，其寿命也非常长。但是红杉不耐寒也不耐旱，种植条件有很多限制。现在，中国园林还没有广泛地种植红杉。

红杉是一种繁殖力非常强的树种，在适合的环境下可以萌发出好几倍的幼苗来，而且红杉是自然界中光合作用最快的植物，它们生长速度非常快，就算只有一点点阳光也能健康成长，由此看来，红杉的耐阴性非常强。

红杉的树枝呈水平展开，树冠有点儿像圆锥形，树干笔直。

你知道吗？

红杉在全世界都有分布，但最早是在1769年10月被西班牙人瑞斯帕在美洲发现的，所以也叫作"北美红杉"。1794年，苏格兰人塞斯首次采集了红杉的果实和枝叶作为标本。1823年，英国植物学家兰伯特为这种植物取了第一个名字——常绿落羽杉。而"红杉"这个名字则来源于北美的一个印第安人首领，他的家族创立了基洛奇族文字。红杉以其长寿象征了一个文明的顽强生命力。

功能强大的树皮

红杉的树皮呈红色，很厚，使它们常年保持旺盛的活力和生命力。即使树心朽烂，树干外层仍完好。它还能散发出一种香气驱散白蚁，免受蛀蚀，具有非常强的防火和抗虫害功能。

云　杉

　　云杉是一种高大的常青树种，雌雄同株，树冠狭窄，呈圆锥形，叶子灰绿色，树皮裂开成不规则的鳞片状的圆形，比较厚，颜色多为灰白色或者白色。云杉生长速度不快，但是寿命却可以很长，即使把它们放在光照不足的环境下也能忍受约25年之久，但是如果树冠过于稠密，就会出现枝叶更新不良的状况。

云杉的树干

　　云杉树干笔直，处理过后可以直接用作电线杆和枕木，而且非常容易削切，没有复杂的树结。

云杉的果实

　　云杉每年4~5月开花，9~10月份的时候球果就会成熟了。

　　云杉是我国特有的树种之一，是一种常绿乔木，在东北和华北一带十分常见。

　　世界上的云杉共有40多种，全部生长在北半球，而我国就有20多种。云杉木可以用来建造房屋，制造家具和乐器。

　　你知道吗？西方圣诞节时用的圣诞树，也是用云杉做的。

云杉的生长环境

　　云杉喜欢在凉爽阴凉的环境中生长，它们非常耐阴也非常耐寒，有良好的排水性能，在肥沃疏松的土质中能更好地生长。

银　杉

　　银杉是中国特有的一种树木，它经历了300万年前的第四纪冰川时期，是一种非常珍稀的树种，现在是国家一级保护植物，被称为"植物熊猫"。

　　银杉一般都生长在一些狭窄的山脊上，它们耐寒也耐旱，喜欢阳光。银杉的根系非常发达，不怕土壤贫瘠，可以扎得很深，是一种非常坚韧的树木，所以即使再大的风雨也难以撼动它们的身形。

　　银杉又名"芒杉""泡杉"等，在我国广西、湖南、贵州及重庆等地多有分布。很久以前，银杉曾经广泛生长在北半球的欧亚大陆上，直到冰河期，环境骤然变冷，它们的生长地域才缩小。因此，在波兰、德国、法国以及北美等许多地区，人们都发现了银杉的化石，但这些地方已经见不到银杉了。

造型独特的银杉叶

　　银杉最大的特点就是在它的叶子背面有两条粉白色的气孔带，它的叶子还非常细长，树干挺拔笔直，树皮暗灰色，老时呈不规则的龟裂薄片状。

百岁兰

百岁兰是一种非常顽强的植物，它们生活在炎热贫瘠的沙漠地带，一生只长两片叶子，但每一片叶子的生长时间都非常长，甚至能有百年千年之久，所以才被称为"百岁"。

百岁兰的叶子呈匍匐在地的形态，叶宽约60厘米左右，长度达2~3.5米，最长的百岁兰叶子可以达到6~7米。

百岁兰的花与种子

百岁兰的花朵是球果状的，雄花是红色，雌花则是橙黄色的。百岁兰是雌雄异株的植物，它们的种子有纸状翼，可以依靠风力传播。但是百岁兰种子的发芽率非常低，就算其中一半的种子有生命力，其中大部分种子也会被真菌感染，而且只要种子太潮湿，就会散发恶臭变质死亡。

百岁兰可真够霸气！按照前面说过的层级分类法，百岁兰独占了一个"科"——它是裸子植物门—买麻藤纲—百岁兰目—百岁兰科中的唯一植物。

百岁兰的根系非常发达，它们可以扎根很深来保固沙土，同时以此来摄取地下水分顽强地生长下去。

我的叶子无人能敌！

你知道吗？

百岁兰虽然非常能忍受艰苦的生活环境，但是它们也只能生活在天气炎热地区的干枯河床上，所以百岁兰的分布位置非常狭窄，只在安哥拉和非洲热带东南部才能找到它们。

被子植物

被子植物与裸子植物所不同的地方，不仅在于被子植物的种子是有果皮包裹着的果实，还在于被子植物能开出真正的花朵来，这些花朵更是被子植物繁殖后代的重要器官。被子植物还因此被叫作"显花植物"。

被子植物结构复杂完善，是最高级的植物。地球上有20多万种被子植物，占植物界总数的一半以上。它们具有很好的适应性，在自然选择和竞争的过程中，不断变化，从而产生新的物种。

麝香百合

麝香百合属于百合科，它是秋植球根多年生草本植物，开花后花瓣呈纯白色，花朵开在顶端，具有淡绿色的花筒，气味芬芳，给人一种纯洁、高雅的感觉。从种植到开花需85~100天。经常被用来布置花坛、园林或者搭配花束等。

用途多多的麝香百合

麝香百合可以食用和做调料。它同洋葱、大蒜等同属香辛调料，加入菜肴可以增加香味。它的鳞茎是很好的保健食物，花具有润肺清火、安神的功效，可以帮助治疗咳嗽、眩晕、夜寐不安、天疱湿疮等。

麝香百合的花朵呈喇叭状，前部外翻呈喇叭状，一般有6片花瓣，花柱又细又长，花丝和柱头伸到了花瓣外面。

你知道吗？

麝香百合需求的环境温度非常严格，如果温度在5℃左右，它们就会停止一切生命活动，处于一种"冬眠"的停滞状态；如果温度超过25℃，它们也会因为温度过高而停止生长。麝香百合喜欢温暖的气候，最适合麝香百合生长的温度为10~20℃。它们一定要有足够的光照才能正常开花，否则植株会自行降低开花次数。

在微酸性和腐殖质丰富的黏性土壤中，麝香百合才会正常发育，而且种植麝香百合的土壤的排水性能也要良好，不然麝香百合的根系会被淹没腐烂而坏死。

嘉 兰

　　嘉兰是一种典型的百合科植物，花被片条状披针形，花蕊绕着花柱生长。它们的花被永远垂直朝上展开，如果它们攀附在其他植物上，就算花朵朝着地面生长，花瓣也会翻卷过来，非常奇特，所以在拉丁文中嘉兰的名字也有"惊叹、美丽"的意思。

嘉兰是攀援植物，它自己可以爬到很高的地方。嘉兰喜欢温暖、湿润的环境，不喜欢太过强烈的阳光，所以我们经常能在灌木丛或低矮的山林下发现它们的身影。种植嘉兰的土壤最好含有丰富的有机质，土壤的排水性能、同期性能都要非常好。在亚洲和非洲的热带、亚热带地区，嘉兰这种植物很常见，我国云南省的南部和海南省是嘉兰的主要分布区。

嘉兰花朵个儿大，花期很长。一株嘉兰会从夏天到秋天不停开花，每朵花能开放10天左右。

"燃烧"的花瓣

嘉兰最大的特点就是花瓣可以向后翻卷绽放，而且它们的花瓣边缘呈波形，通常花瓣呈现火焰般的橘红色，开花后远看就像一团团小火焰在燃烧。

津巴布韦的国花

嘉兰又被称为"火焰百合"，是津巴布韦的国花，象征着光荣。这种植物的花有变幻的色彩，高贵明艳，像火焰一样艳丽而又充满热情，是典型的热带植物。

你知道吗？

嘉兰不适合在干旱和强光照射下生存，整个生长过程中，嘉兰都需要一定的荫蔽度，而且嘉兰非常不耐寒，温度只要低于15℃，植株的地面部分就会被冻坏。

郁金香

郁金香是一种鳞茎呈扁圆形状的多年生草本植物，它没有木质的茎，只有非常柔软或者纤维化的茎。花瓣分单瓣和重瓣两种，花型有杯形、碗形、漏斗形等，花朵颜色多种多样。

郁金香一定要有长时间的日照才能正常生长，它们喜欢阳光，在凉爽干燥的环境下生长得最快。它们也耐寒，在冬季湿冷的环境中，郁金香可以在-14℃的低温中存活，在厚雪覆盖的条件下，郁金香的鳞茎依然可以露出地面度过冬季。但是如果是夏季，在天气炎热的环境中，鳞茎会停止生长甚至造成植株死亡。

郁金香姿态优雅，颜色绚丽，花柄可以长达40~50厘米，所以不管是插在高瓶里面还是圆缸中都能让人耳目一新，是一种难能可贵的花材。

荷兰是郁金香种植大国，但实际上，荷兰直到16世纪才引进了郁金香。现在，郁金香是荷兰的国花。

因为生长的纬度不同，受环境影响，郁金香共有2000多个品种。它们花期不同，大部分是在3月下旬到5月上旬开花。郁金香不适合在碱性土壤中生长，而在微酸性的沙质土壤中可以正常发育。如果土壤含有丰富的腐殖质，排水性能也良好，那么郁金香就发育得更健康了。

"穆斯林头巾"

郁金香有很多别名，比如草麝香、旱荷花、洋荷花、红蓝花等等。它的原产地在中东，形状很像穆斯林戴的头巾，所以它的名字在波斯语和土耳其语中的意思是"穆斯林头巾"。

你知道吗？

郁金香还可以入药，对治疗腹泻有特殊功效。但郁金香同时也有毒。它会分泌一种毒碱，人如果闻上一两个小时就会感到头晕，甚至会中毒。因此，郁金香不适宜放在卧室中。

郁金香花型

杯形

碗形

漏斗形

蝴蝶兰

蝴蝶兰的花瓣形态非常像展翅欲飞的蝴蝶，由此得名"蝴蝶兰"。花期非常长，可以达到几个月，是一种深受大家喜爱的观赏性花卉。蝴蝶兰被发现有70多个原生种，主要分布在亚洲地区潮湿地带。

"兰中皇后"

蝴蝶兰的花色非常丰富，有纯白、紫色、粉红、白底红点等不同颜色，素有"兰中皇后"的美誉。开花后姿态优美、颜色华丽，是一种非常珍贵的热带兰，常被人用作插花，寓意"幸福"。

殊荣满身的蝴蝶兰

蝴蝶兰共有530种左右，其中黄色的最名贵，被称为花中的"天皇"。另外，蓝色的珊瑚兰和白瓣红唇的蝴蝶兰，也都在国际花展中拿过大奖。

自然条件下，蝴蝶兰多生长在热带雨林地区。中国台湾、东南亚地区的泰国、印度洋群岛、马来西亚、菲律宾等地，是它们最美好的家园。随着种植技术的发展，人们开始人工模拟蝴蝶兰的生存环境，使这种魅力四射的植物走进了更多人的生活。

蝴蝶兰非常怕冷，不适合在20℃以下的环境中生长，它们喜欢高温、潮湿、通风的环境。蝴蝶兰不能用阳光直接照射，浇水时还要小心积水不能漫过蝴蝶兰的根茎，否则它们会受涝而被淹死。

你知道吗？

蝴蝶兰的形态非常有趣，它们没有匍匐的茎，也没有假球茎，每一株蝴蝶兰只长有几片像汤勺样的长椭圆形厚叶片。春天来临，花梗直接从叶腋中抽长出来，花朵就在上面一朵朵地绽放。

蕙 兰

蕙兰是我国原产的一种花卉，也称"九子兰""九节兰"，一般集结在一起丛生。蕙兰的叶子修长，花梗细长，花瓣形状有梅瓣、荷瓣、水仙瓣等多种不同的类型。

野生蕙兰要求土壤湿润，排水性能好，一般生长在海拔几百米甚至上千米的高原上。如果在家中种植蕙兰，就要考虑蕙兰的光照问题。它们常年需要光照，除了在夏季和初秋中午烈日暴晒时需要用遮阳布挡住阳光，其他季节蕙兰都可以直接被太阳照晒。

宋代时，蕙兰已经成为重要的观赏植物，经常出现在文人雅士和官僚大户的厅堂上。

蕙兰是少数比较耐寒的兰花之一，是国家二级重点保护野生物种。在我们国家的秦岭以南、南岭以北，广泛生长着蕙兰花。

儿童植物百科全书

被子植物

"兰"与"蕙"的区别

　　一般一茎一朵花有余香的兰花称为"兰"，而一茎多朵花、香味不足的则称为"蕙"，也有人将春兰之中多花性的兰称为"一茎九花"，"九子兰"的别称就是由此得来的

兜兰

兜兰是兰科多年生草本植物，多数为地生杂交品种。它的花朵形态非常奇特，花唇部位呈现出一个口袋的形状，就像身前装有一个小兜，因此而得名"兜兰"，还有人形象地称兜兰为"拖鞋兰"。

柔弱的兜兰

兜兰的抗旱能力非常差，所以兜兰一定要在湿润的条件下种植。有的兜兰的花期可以长达6周。兜兰花色多种多样，有白色、粉色、黄色、紫色、绿色等，雅致独特的兜兰总能让人心旷神怡。

兜兰比较喜欢温暖、湿润和有点儿阴凉的环境，不能被强光暴晒。在夏季能忍受的最高温度大概就是30℃，冬季温度保持在10~15℃就能安然越冬。

兜兰的花瓣可以接住露水，让水分在花朵上保持得更久。但是它们对环境的适应能力很差，经不起气候变化。

兜兰是目前世界上最普及的兰花之一。大多数兜兰直接生长在地上，还有少数兜兰附生在岩石上。我国生长着约18种兜兰，主要分布在华南和西南地区，此外，喜马拉雅山至西亚地区、印尼群岛上也都有兜兰的踪迹。

你知道吗？

兜兰的花瓣比较厚实，花期也非常长。不同品种的兜兰，其开花时间也不相同，一年四季都有不同品种的兜兰开花。

菊 花

菊花是多年生菊科草本植物，其花瓣呈舌状或筒状。根据花径大小分为大菊、中菊和小菊，根据花瓣的类型分为平瓣、管瓣、匙瓣等种类。菊花是长期经过人工培育的名贵观赏花卉。

菊花在中国已有3000多年的栽培历史，是我国十大名花之一。秋天百花凋零的时候，只有菊花鲜艳地绽放，古代传说中，菊花又有长寿和吉祥的含义，因此人们都十分喜爱菊花。

儿童植物百科全书

被子植物

你知道吗？

菊花又称"艺菊"，别名"帝女花"，是长期人工培育的产物。野菊花只有17种，其余均为人工栽培。宋代时菊花只有三四十种，清代时发展到300多种，而随着栽培技术的发展，菊花现在已经有4000多种了。

一些形态独特的菊花

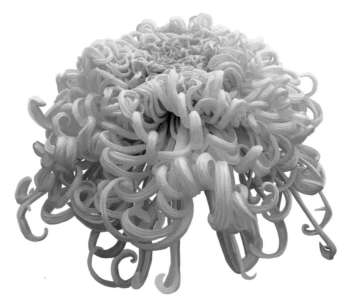

菊花品种不同，高度也从20厘米到200厘米不等，它们的茎大部分已经半木质化，不再柔软纤细。一般我们看到的黄色菊花是多瓣型球形的菊花，它的花瓣比较纤长。

宋朝的时候，人们为菊花举办一年一度的盛大花节。许多画家都喜欢描绘菊花的倩影，诗人们也借菊花咏叹心境。

明末清初，菊花传入欧洲，成为全世界人民喜爱的花卉。

孔雀草

孔雀草，菊科植物，不管是生长还是开花都需要充足的阳光。它们一般为丛生，叶子成对而生，花瓣的颜色非常鲜艳，花外轮为暗红色，内部为黄色，有的品种则花瓣全部都是黄色，或者全部为红色，只是边缘带一圈黄色，所以孔雀草也被叫作"红黄草"。

大丽花

大丽花又名"大理菊""天竺牡丹"，原产地在墨西哥，由于它盛开后形态大方，端庄富丽，因此被尊为墨西哥的国花。现在人们研究出来的大丽花品种多达3万余种，它们形态、颜色各式各样，已经成为世界上品种最多的花卉。

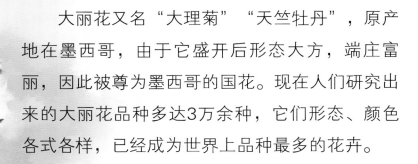

你知道吗？

大丽花因为生长速度快、花期长、花朵艳丽且形态富丽而被不同国家、不同城市当作国花、市花，比如墨西哥将大丽花当作国花，吉林省将它当作省花，而西雅图则将其当作市花。大丽花在北京被称为"西番莲"，在广州被称为"洋芍药"，象征着富贵大方、大吉大利。

儿童植物百科全书

被子植物

大丽花非常容易繁殖，不管是播种、嫁接还是扦插甚至是分根无性繁殖，大丽花都很容易成活。它们喜欢温暖的阳光，在微酸或者微碱性的土壤中都能生存，但是在中性、疏松的土壤中发育得最快。

大丽花一年开两次花。春夏之间它们陆续绽放，夏天过后它们再度盛开，直到霜降才凋零。

大丽花对水分的要求很严格，它们既怕旱又怕涝，土壤需要肥沃疏松，喜欢阳光却害怕炎热。因此，我国华北等地成为繁育大丽花的最佳地域。

大丽花为重瓣花卉，整株大约有1.5米高，花瓣的边缘呈卷曲的舌状，顶部生有头状花序，颜色有红、橙、黄、白、紫等多种。

大丽花块根发达且膨大，里面贮藏着丰富的养料来支持着大丽花自身的无性繁殖。如果把大丽花的块根从根茎那里切分开，然后将每个小块根种植下去，那么小块根可以生长成许多新的植株。

蒲公英

蒲公英属菊科多年生草本植物，它的种子形态非常有特点，所有的种子上都带有白色的绒毛，就像一个个小绒球。蒲公英生有头状花序，中间就是一些管状的花，花朵下面就是它的总花苞。花谢了后，绒球状的种子会被风吹走，然后落在其他地方生根发芽，长成新的蒲公英。

蒲公英的生存力极强，田边野地、花园苗圃、沙地海滩都是它的乐园。

蒲公英的花茎是空心的，如果折断就会流出乳白色的液体。

蒲公英原产于欧亚大陆，后来被人工引进到美洲和澳大利亚。

花葶和叶子差不多长，高10~25厘米。蒲公英结果后种子就会被白色的蛛丝状绒毛所覆盖。风一来，田间、山坡各个地方都可以看到蒲公英的身影。

蒲公英的价值

　　蒲公英是一种药用和食用价值都很高的植物，其叶子经过处理可以缓解皮炎、关节不适等症状，根须则具有消炎的作用，蒲公英的花朵还可以煎成药汁用于消除雀斑。

你知道吗？

　　蒲公英的花是亮黄色的，有许多花瓣，等成熟以后才会变成绒毛小伞。蒲公英在全国甚至全世界各地都有生长，在热带和亚热带最为常见，又被称为"黄花地丁"。

马蹄莲

　　马蹄莲是一种天南星科球根型花卉，叶柄比较长，叶片颜色翠绿，就像一个倒心脏的形状。它的花梗比叶丛高，花苞硕大，形状宛若一个马蹄，由此得名"马蹄莲"。

　　马蹄莲原产埃及和非洲南部的河流、沼泽地带。开花的时候，马蹄莲的花茎抽长，长出金黄色的肉穗花序，花序长在佛焰苞中央，上面长着雄花，下面长着雌花。

马蹄莲比较喜欢在腐殖质丰富、疏松肥沃的微酸性粘土壤中生长。它们不耐旱，有一点儿小积水不会影响其生长，但如果缺水的话，马蹄莲就会自行休眠，停止生长。

马蹄莲的根为块茎，具有肥大的肉质，可以切分块茎进行栽种，有足够的养分它们就可以自行发育。

野生的马蹄莲一般都喜欢生活在气候温暖、没有强光照射的河流或者沼泽边，它们害怕寒冷，喜欢潮湿，根茎处于0℃的环境里就会被冻死。

你知道吗？

马蹄莲全身都有毒，不小心误食后，会出现呕吐的症状，但是叶子经过处理后，在医生指导下使用可以缓解轻微的头痛。

白梗马蹄莲	有白色的梗，生长慢但开花早。
红梗马蹄莲	花梗下面有红色，开花比较晚。
青梗马蹄莲	花梗粗壮，体积较小，生长力旺盛。

魔芋

魔芋是一种喜欢生活在潮湿阴凉环境里的多年生草本植物。它们的地下块茎呈扁球形，外形硕大，含有丰富的淀粉、蛋白质、葡萄糖、维生素、果糖和果胶等。生魔芋有毒，需经处理才能入药、食用。

魔芋有散瘀止痛的效用，还可以通便、降压、开胃。

魔芋比较适合在微碱性土壤中生活，在微酸性或者酸性条件下，魔芋会容易发生病害或者生长缓慢，甚至死亡。一般最适合魔芋生长的土壤环境的酸碱值在7左右。魔芋的根系非常长，适合在土层深厚、土质疏松、排水性和透气性良好的轻微沙质土壤环境下生长，土中最好还要含有丰富的有机质。

魔芋生长于东半球的热带和亚热带地区，我国南方多有分布。3000多年前，中国就开始栽培魔芋。魔芋花长着佛焰花序，由佛焰苞、花葶和花序组成。魔芋花有白、绿、红或紫等颜色。

一般的魔芋整株高为30~100厘米，但也有一些巨型魔芋，比如泰坦魔芋，它的花朵直径就有1.5米，高甚至可以达到3米，是世界上最大的一种花。

你知道吗？

魔芋叶柄非常粗壮，呈圆柱形，淡绿色，叶柄上还有暗紫色的斑状。成熟后的魔芋是一种有益身体健康的碱性绿色食物，对于那些摄取了过多酸性食物的人来说，多吃魔芋有助于平衡体内的酸碱度。

无花果

无花果是一种桑科落叶灌木或小乔木，整棵树大约高12米，叶片长得比较宽大，像一个手掌样裂开。因为它们开的花非常隐蔽，就好像没有开花便结果，所以被人们称为"无花果"。

无花果的果实呈倒吊的卵形，盛夏时节成熟，外表皮呈暗紫色，果肉则为红紫色，可以生吃，味道香甜。经过加工处理，无花果还能用来酿酒或者制作成果干。

无花果喜欢温暖湿润的生活环境，偏爱阳光，喜欢肥沃的土壤，怕寒冷也怕受涝，但是它对干旱有一定的忍受力，所以种植无花果的时候一定要在冬季做好保暖工作。

无花果的花

无花果的花其实开在果实的雏形里面，即长在了内部的子房里面，蜜蜂要从果实下面的小孔飞进去传播花粉使花朵受精。

玉 米

玉米俗称"苞米棒子"，是一种常见的一年生禾本科植物，也是一种重要的粮食作物和饲料原材料。作为世界上分布最广泛的粮食作物之一，一年里面每个月都有玉米在不同的地方成熟收获。

玉米整株长得非常高大，叶片窄而长，边缘呈波浪状，在茎两侧互生。玉米雌雄同株，雄花在顶端着生，雌花在叶腋处着生。

玉米主要是作为粮食作物和重要的饲料出现在人们的生活中，但它的营养价值没有其他谷物比如小麦、水稻的高。以玉米为主食的人比较容易患糙皮病，现在出产的玉米除少量被食用外，大多数用于制造工业酒精和烧酒。

大约3500年前，印第安人从渔猎文明转向农业文明，玉米成为他们种植的重要农作物。

玉米浑身都是宝

玉米的全身都有用，谷粒可用来制作工业酒精和烧酒，茎就常常用来制造纸张和墙板等，谷粒外面包裹的苞叶还可以被当作填充物或者用于一些艺术编织中，还有玉米的茎叶不仅可以当作饲料喂给牲畜，而且还能用来发酵沼气池。

你知道吗？

考古学家发现了野生玉米化石，经过鉴定，它们属于一万多年前的墨西哥。因此，墨西哥被称为"玉米的故乡"，那里还有玉米崇拜呢！

墨西哥古代传说中，人类起源都跟玉米有关。古印第安人的神谱中供奉着好几位玉米神，有辛特奥特尔玉米神、科麦克阿特尔玉米穗女神、希罗嫩女神等等。这些玉米神象征着好运和福气。

红　掌

　　红掌是一种多年生的常绿植物，佛焰苞为鲜红色，呈心形或者卵圆形，就像一只手掌摊开的样子，因此得名"红掌"。红掌的蛋黄色花穗长在叶片中央，像一个小小的烛台中长出的灯芯，所以红掌也被叫作"花烛"。

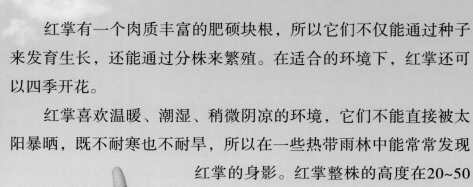

　　红掌有一个肉质丰富的肥硕块根，所以它们不仅能通过种子来发育生长，还能通过分株来繁殖。在适合的环境下，红掌还可以四季开花。

　　红掌喜欢温暖、潮湿、稍微阴凉的环境，它们不能直接被太阳暴晒，既不耐寒也不耐旱，所以在一些热带雨林中能常常发现红掌的身影。红掌整株的高度在20~50厘米之间，叶片表面非常光洁，像涂了一层蜡质，而且叶片是直接从根茎上长出来的，非常硬挺。

儿童植物百科全书

被子植物

带尾巴的花

　　红掌又叫"火鹤花"。火鹤在希腊文中名为"安世莲"，中文译为"带尾巴的花"。火鹤花有200多种，最常见的有3种：大叶花烛、水晶花烛和剑叶花烛。

你知道吗？

　　红掌艳丽华贵，摆在房间里显得十分大气。因此在西方社会，红掌象征着热烈和豪放。

相传，上古时代有一个美丽的女子，她乞求月老赐予一份好姻缘。一年后，女子在树林里遇到了自己的白马王子。正当两人欣喜甜蜜之时，他们的婚姻遭到了女方家里的反对，两人最终跳崖殉情。不久，在这对情人殉情的悬崖峭壁上长出了一棵树，树上开出一串串紫色的鲜花。此后，民间就一直传说，这棵树就是那个小伙子，而树上的藤花就是女子的化身。紫藤花必须绕树而生，无法独活。

紫　藤

紫藤又名"藤萝"，是一种喜欢攀附缠绕的藤本植株，树干颜色呈深灰色，花的颜色则多为紫色或者深紫色，花在藤上侧生并且下垂，能散发出袭人的清香，是园艺装饰中不可缺少的花木。

紫藤原产于我国，后来又传到了日本和朝鲜。

每年3月，紫藤开始萌发花蕾；4月到5月之间，就会开出美丽的花朵；5~8月，它又会结出长条行的荚果。

紫藤对环境适应性非常强，它们比较耐寒、耐涝，而且就算土壤很贫瘠，紫藤也能生存下去。紫藤不仅非常喜欢阳光，也能一定程度地耐阴，是一种比较好种植的花木。

紫藤不仅是观赏性的植物，还是一种中药药材，经过处理后，紫藤能用来杀肚子里面的虫子、止腹痛，而且紫藤还能被制作成紫藤糕、紫藤粥等食物。

紫藤有两种类型的叶子：一种是羽状复叶，在藤上互生；一种是对生，大概有3~6对，形状为椭圆形卵状。在紫藤花的花苞底部有像爪子样的小趾，这样它们就能攀附在墙上或者棚架门廊上了。

紫花苜蓿

　　紫花苜蓿是一种多年生宿根草本植物，也是一种在世界上分布最广泛、种植最早的饲草，因为适应能力强，产量非常高，而且寿命也比较长，所以紫花苜蓿被誉为"牧草之王"。

　　紫花苜蓿原产于小亚细亚、外高加索、伊朗一带，公元前500年传入希腊，此后便在欧洲大陆逐步传播开来。公元前126年，西汉张骞出使西域，才将这种植物引入中华大地。

　　紫花苜蓿的植株高1米左右，扎根很深，所以能吸收深层土壤丰富的营养；每一株分枝非常多，植茎较细，叶片又小又厚实，呈深绿色；花朵呈深紫色，有淡淡的幽香，可以用来制作香料。

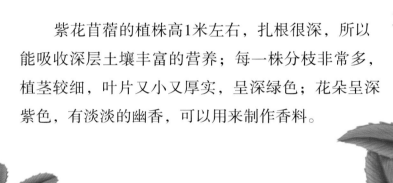

你知道吗？

　　紫花苜蓿有很高的药用价值，可以治疗食欲不振，增强肠道功能，还可以改善消化不良和贫血症状，对水肿、关节炎也有特殊效果。对胆固醇高、处于更年期和患有糖尿病的人来说，紫花苜蓿也是一个福音。

牧草之王

　　紫花苜蓿对环境的适应能力非常强，在全国各地都能种植，但比较偏好中性的土壤环境，最高的紫花苜蓿可以达到1.5米。紫花苜蓿能够扎根很深，通常能钻到地面以下数十米深的地方。

　　紫花苜蓿被称为"牧草之王"，不仅仅是因为它的产量非常高，也源于它的营养丰富、草质非常好、适口性非常强等特点。牲畜、禽类都可以用紫花苜蓿加工的混合饲料来喂养。

紫 荆

　　紫荆是豆科落叶灌木下的一个属种，它的特别之处在于花在长叶子之前就簇生在老枝上开放了，花朵非常大，颜色鲜艳，状似蝴蝶，是一种美丽的观赏性花卉。

　　紫荆是一种用途广泛的花木，它常年枝繁叶茂，鲜脆欲滴，可以种植在街边用来吸收空气中的烟尘，紫荆的树干、树根、树皮和花朵也有着各自不同的用处。

　　紫荆经过处理后可以入药，用于止痛、活血通经和治疗血气不和等症状。紫荆的木质顺滑、纹理笔直，还可以用来制作家具和建筑建材。

　　紫荆花在我国大范围种植，但有一种香港紫荆却很特别，只能生长在热带和亚热带地区。广东、广西、福建、台湾、云南、海南等地才有这种特殊的紫荆花。

你知道吗？

　　紫荆的叶子在茎上互生，呈心形或者类似圆形。花朵在老茎抽条前开放，然后新生的分枝上才会长出叶子。紫荆花一般为紫红色，也有另外一个品种，那就是珍贵的白色紫荆花，又名"洋紫荆"。香港特别行政区区旗上画的，就是这种白色紫荆花。

81

杜 鹃

　　杜鹃是世界上著名的观赏性花卉之一，主要分布在亚洲、欧洲和美洲。不管是盆栽还是种植在土地上，其形态都非常美丽，用途也非常广泛。杜鹃属带刺的小乔木或灌木，小刺长在茎上，叶子为互生型，呈卵状椭圆形，边缘有小锯齿。中国是世界上杜鹃分布最广、种类最多、数量最大的国家。

　　在我国，杜鹃又名"映山红"，雅名"山客"。

　　杜鹃一个枝头开放2~6朵花，簇生在顶端，花朵的颜色各种各样，有红色、白色、黄色、粉色等。杜鹃作为我国十大名花之一，具有非常高的观赏性，每年到了杜鹃花绽放花朵的时候，都会吸引大量游客驻足观赏。

　　有些品种的杜鹃经过处理后还能入药，具有止咳祛痰的功效，主要针对急性、慢性支气管炎。杜鹃的叶子可以入药，但这种药材本性阴寒，味道有点儿苦，略带毒性，最好在医生的指导下使用。

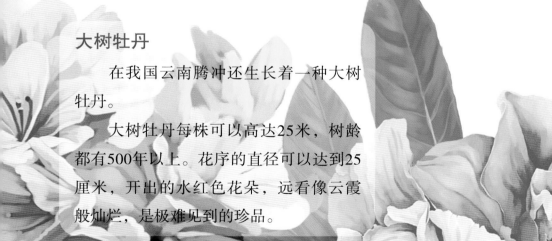

大树牡丹

　　在我国云南腾冲还生长着一种大树牡丹。

　　大树牡丹每株可以高达25米，树龄都有500年以上。花序的直径可以达到25厘米，开出的水红色花朵，远看像云霞般灿烂，是极难见到的珍品。

月　季

月季是一种四季开花的低矮落叶灌木，大多为红色，偶尔也会有白色的花朵出现，是一种常见的蔷薇科植物，具有非常高的观赏性，同时也具备较高的药用价值。

月季花一般都在顶端枝头簇生、结花苞，开花后伴随着微香，花色非常多，花径有4~5厘米，开出的花朵被誉为"花中皇后"。

月季的适应性非常强，既耐寒也比较耐旱，在微酸性、富含有机质并且排水性能很好的沙壤土中能生长得更好。培植月季还要注意保持日常光照，但太多的强光直射也会影响月季开花。

月季茎多为偏绿的棕色，嫩枝为绿色，叶子互生，呈长条椭圆形，前端比较尖，边缘有锯齿。

你知道吗？

其实，月季和蔷薇、玫瑰都是蔷薇属的植物，它们长得很像，在西方社会里并没有分别。

汉语中，人们习惯上把那些单生的、花朵直径大的称为"月季"，丛生、花朵小的称为"蔷薇"，能提炼香精的则称为"玫瑰"。

玫　瑰

玫瑰和月季一样，都是一种蔷薇科落叶灌木，只是和月季相比，玫瑰的花径比较小。玫瑰在5~7月开花，花色有红色、紫红色、白色、香槟色等，可供观赏和食用。此外，玫瑰还能提炼精油。

玫瑰与月季的不同之处还在于它们枝干上的小刺。月季枝干上是荆棘，和表皮联系在一起，可以掰下来；而玫瑰的小刺是针刺，用手拔不出来，必须借助于镊子才能取出来。所以在观赏玫瑰的时候请注意，千万不要用手去直接采摘花朵，保护花卉的同时也注意保护自己身体不受伤害。

"玫瑰"两个字在中国古汉语中意为"彩色的石头"。当中国第一次引进玫瑰精油的时候，人们并不知道这种颜色透亮鲜艳、气味芳香浓郁的东西是花朵的产品，还以为是石油的一种，就把它称为"玫瑰油"。等人们发现真相的时候，干脆把这种花也称为玫瑰了。

昂贵的"黄金"——玫瑰油

玫瑰作为农作物，花朵主要是用来做食材和炼制精油。香精玫瑰油的价值甚至比同等重量的黄金还要高，因为玫瑰油可以作为化妆品、食品、精细化工的原材料。

梅

　　梅是一种落叶小乔木，整个植株高5~10米，主干一般为褐紫色或者是淡灰色，刚抽芽的小枝为绿色，在初春季节开花，叶子在开花后才会长出。

　　梅的果实近似圆球形，直径大约和一元钱硬币一样，在果实的外面覆盖着一层浓密的短绒毛，味道酸得不能入口。果实开始的颜色为绿色，成熟的时候颜色就会变为黄色或者是黄绿色，有个别品种的果实是红色的。这时候的果实虽然还是酸的，但是可以食用，加工后可以做话梅、酸梅汤、梅酒等。

　　梅是一种适应性非常强的植物，它们被广泛种植于园林、景区、路边。梅对于土壤的酸碱性要求并不严格，但是在排水性能良好、疏松肥沃的土质中能生长得更好。梅非常能忍受严寒，在-15℃的温度里也能毅然绽放花朵。

　　3200多年前，梅子就进入了人们的食谱。梅果因处理方法不同而分为白梅和乌梅，有化痰、止咳、平喘的功效。梅果被制成梅干、梅酱，夏天时，人们还调制乌梅茶、酸梅汤和梅子酒，既美味又消暑。

你知道吗?

梅花有5个花瓣，一般为白色、粉红色或红色。花朵凋零后才生叶。梅的每个枝节开有1~2朵小花，花托下面没有梗或者梗很短小。大多数梅花都是淡粉色或者是白色，但现在人们已经培育出紫色、彩斑等多种不同颜色的梅花。梅原产于中国西南，分为花梅和果梅。野梅先演化为果梅，又衍生出观赏梅。

蔷 薇

　　蔷薇是一种多年生的丛生落叶灌木，形态上或直立，或攀援，或蔓生。蔷薇的枝干上有皮刺，叶子为互生型，花朵单生或者在顶端丛生，花朵有红色、白色、粉色、黄色、紫色等多种颜色。

　　蔷薇喜欢光照，比较耐寒，所以在中国北方也能安然过冬。它们的适应力非常强，对土壤的要求不是很高，但是在疏松、肥沃、湿润、排水性能好的土壤中能生长得更好。蔷薇的叶子互生，小叶子边缘呈锯齿状，叶托直接生于叶柄上，有时候也会贴着叶柄生长。瘦果木质在肉质萼筒内着生，形成蔷薇果。

蔷薇科"三杰"对比

　　和月季、玫瑰比起来，蔷薇的萼片会脱落，而另外两种则不会。月季和蔷薇的果实是圆形的，而玫瑰的果实则为扁圆形。

樱　花

樱花属落叶乔木，它的树皮非常平滑且富有光泽，呈紫褐色；叶子互生，呈椭圆形，叶边缘有芒刺。一般每个枝头可以开3~5朵花，颜色多为白色和淡粉红色，每年初春三四月份是樱花盛开的季节。

樱花的颜色艳丽，有一股幽幽的淡香，到了盛开的季节，满山头的樱花就像云霞般绚丽，因此成为人们最喜欢观赏的花卉植物之一。

樱花的树皮和嫩叶经过加工处理可以入药，主要用来润肺止咳，而且樱花的花瓣还可以被做成果酱、调味酱、食物等。

樱花的花期很短，一朵花最多开不过7天，整棵树的花期也只有16天左右，花谢后枝叶更加繁茂，7月时果实成熟。樱花的果实是球形的，结果初期是红色，成熟时就变成了紫褐色。

樱花生长环境大揭秘

樱花喜欢光照，喜欢在气候温暖湿润的环境下生长，虽然对土质的要求不严格，但最好在肥沃深厚的沙质土壤中生长。需要注意的是，樱花不能作为行道树栽种在街道边，因为它们对烟尘、有害气体的抵抗能力很弱。

海棠

海棠是一种落叶乔木，是中国所特有的植物。它的叶子为互生型披针形，边缘有平钝的锯齿；花未开时为红色，绽放后花瓣渐变为粉红色，大多都是重瓣，素有"国艳"的美誉。

常见的海棠品种有垂丝海棠、西府海棠、湖北海棠、花叶海棠等，在我国东部和南方地区都有分布。

海棠对于二氧化硫的抵抗力非常强，可以将它们种植在街道两边、花坛中来吸收大气中车辆排出的污染气体，这样有利于城市街道的绿化与美化。

"挑剔"的海棠

海棠喜欢阳光，比较耐寒，但是既怕干旱也怕涝，所以最好栽种在土壤疏松排水性能好的地方，但是不宜肥水太多，因为这样海棠虽然枝叶长得茂盛，但不容易开花。

"神奇"海棠

海棠花的叶柄很长，花朵一般都为五六朵簇生。它的果实在每年的8~9月成熟，呈金黄色卵形，可以生吃，也可以酿成美酒或做成一种茶食小吃——蜜钱。除此之外，海棠的根、花、果实均可入药，具有祛风湿、舒筋活络的功效。

水　仙

　　水仙是一种石蒜科多年生球根型草本植物，中国是最先开始栽培水仙的国家。水仙的叶子狭长，花朵洁白，飘散着幽香，具有非常高的观赏性。

　　水仙虽然花期在冬季，但却还是喜欢温暖湿润的环境，所以一般都被人们盆栽于室内。白天要将它们置于阳光下，使它们得到充足的光照，这样水仙才能进行正常的光合作用，不然整个植株都会萎靡不振甚至枯死。

　　我们最常见的水仙花是喇叭水仙，它们有卵圆形鳞茎，叶子为狭长的线形，从根茎处直立起来。

水仙花的象征意义

　　水仙一般都在冬季开花，花朵长在茎的顶端，形状像个高脚杯，颜色多为白色或者是黄色。它们不畏严寒，花朵纯洁高雅，人们一直都用水仙花来形容傲然不屈、坚忍不拔的高尚品质。

山 茶

山茶是一种双子叶常绿灌木或小乔木，树干比较光滑；叶子为革质表面，颜色光亮，呈椭圆形，边缘有细小的锯齿；花生于叶腋或者是枝头，花朵整体近似一个圆形，多为重瓣。

山茶的蒴果

虽然大多数的重瓣花都不能结果，但有的山茶花例外。山茶结的蒴果近球形，有外壳保护，外壳裂开后，可以从里面散出种子。山茶种子含有丰富的油质。

山茶比较适合在水分充足、空气湿润的环境下生长，属于半阴性的植物。它们不耐旱，不适合被阳光直接照射，需要用散光来进行光照。微酸性土壤比较适合山茶的生长，而碱性土壤不适合。山茶花的颜色多样，有红色、白色、黄色、紫色、墨色等，不同品种的山茶花期也不一样，从10月到来年的4月的这段时间都有山茶花开放。

山茶是世界名贵花木之一，在我国也是传统的观赏花卉。重庆、温州、金华、青岛等地，都选中了山茶花作为市花。

白色山茶花　　　紫色山茶花

牡 丹

　　牡丹是一种多年生的落叶小灌木，主枝为灰褐色，新生的枝条为黄褐色，树叶在枝干上互生，花颜色有红色、粉色、黄色、白色、绿色、紫色等。牡丹花朵硕大饱满，仪态优美，观赏性非常高，所以有"花中之王"的美称。

　　因分布的地域不同，牡丹被分为很多品种群。

　　中原牡丹品种群分布在黄河中下游地区，具有最悠久的栽培历史。这些牡丹比较耐寒，在长城以南的广大地域都能正常开花，即使到了黑龙江、青海等严寒地区，只要稍加防冻，也一样能栽培。

　　江南牡丹品种群分布在杭州、上海附近的地区，从宋代开始流传开来。它们是由野生原种杨山牡丹变化而来的。这些牡丹耐湿热，每年4月开花，最适宜我国南方地区种植。

　　西南牡丹品种群以四川成都、天彭为中心，遍布川、贵、滇、藏。该品种群的牡丹开花量小，但花期较长。它们是由中原牡丹品种群、西北牡丹品种群和江南牡丹品种群变化而来的。

牡丹的培植

　　牡丹生长速度很慢，有肉质主根和侧根之分，主根粗壮且长，根系中心已经有点儿木质化。一般来说，肉质根系中储存了大量养料和水分可供植物生长，所以牡丹也可以进行分根培育。

牡丹的枝条有很多作用，不仅要抽枝还要长叶子和开花。开过花的枝条就会萎缩一些，在干枯的花茎叶腋处生长出来的花芽被叫作"腋生花芽"。一般花芽都会比较肥硕饱满，剥开外面的外皮可以看到里面的小花苞。

牡丹喜欢阴凉的环境，惧怕阳光直射。牡丹比较适合在排水性能好、土质疏松的中性土壤中栽培，如果土壤的排水性能不好，牡丹的深根性肉质根会因为积水而腐烂。

牡丹象征雍容华贵，又被称作"富贵花"。中国的秦岭—大巴山一带是牡丹的原产地，而汉中平原则是最终人工繁育牡丹的地方。

芍 药

　　芍药是一种多年生草本植物，4900年前中国就已经开始栽培。芍药的根是纺锤形的块根，花开得很大、很饱满，颜色也非常丰富，与牡丹并称为"花中双绝"。

　　芍药喜欢温暖的气候，但也能忍受严寒，不过在生长期只有接受充足的光照才能生长得茂盛。芍药是一种深根性植物，所以要求土层比较深厚，土质疏松，土壤排水性能好，不然它们的肉质根会被积水淹没而腐烂。

"五月花神"

　　芍药每年5月开花，人们将它供为"五月花神"，在古代，它是象征爱情的花朵。

　　芍药还被誉为"花仙"，是我国六大名花之一，不仅有很高的观赏价值，还可以入药，因处理方法不同而分为白药和红药。芍药可以治疗腹痛、晕眩、痛风等症状，还可以止血、化瘀、镇痛，缓解痉挛。

你知道吗？

　　芍药和牡丹同属于毛茛科的双子叶植物，但是仔细对比就可以发现：牡丹属于落叶灌木，茎是坚硬的木质构造，而芍药属于草本植物，茎为柔软多汁的草质；牡丹的叶子是鹅掌状的，而芍药的叶子却是前端尖，后部为椭圆形的。

芍药不仅可以当作观赏性的花卉，它的根经过处理后还能入药，主要用来镇痛镇痉。

芍药的"行政区划"

不同的芍药品种生长在不同地方。

草芍药在南方、中部和东部地区很多见，比如河北、河南、湖北、湖南、浙江、安徽、山西、陕西、江西、贵州、东北等地都能见到。

美丽芍药分布在中部地区，主要在甘肃南部、陕西南部、贵州西部和云南东北部。

川赤芍药主要生长在西部地区，如西藏东部、四川西部、青海东部、甘肃和陕西的西南部。

新疆芍药仅产于新疆北部阿尔泰山区。

窄叶芍药长在新疆西北部的阿尔泰和天山山区。

多花芍药长在西藏南部，另外尼泊尔和印度北部也有分布。

荷

荷是一种多年生的水生草本植物，它们的地下根状茎很长，叶子呈圆盾形，一根花梗顶上单生一朵花。花瓣多为重瓣，颜色大多为粉红色、白色等，现在也有斑纹和镶边等种类。

荷原生在亚洲的热带地区和大洋洲，后来遍布世界各地。中国、日本、俄罗斯及东欧、印度、斯里兰卡、印度尼西亚和澳大利亚都有荷花的身影。荷花是印度的国花，代表着圣洁，在印度，它也是佛性的象征。

荷是所有被子植物中起源最早的植物。大约一亿多年前，地壳发生巨大变动，水面淹没了地球的大部分土地，存活下来的植物并不多，而荷就是其中之一。由此可以看出，荷的生命力非常顽强。

荷的根茎埋在浅水的泥中，叶柄和花梗伸出水面，花朵硕大饱满，在花梗上亭亭玉立，并且散发着阵阵幽香，是夏季主要的观赏花卉之一。

你知道吗？

荷的根系埋在泥土里，而叶子和花朵都伸出水面不染淤泥，所以人们习惯用周敦颐《爱莲说》中的"出淤泥而不染"来形容在复杂环境下还能保持崇高节操的人。

并蒂莲

荷一般一株只有一朵花，但是在生长的过程中，可能受到外界环境的刺激或者是自身基因发生了变化，在一个花芽上长出两个花蕾，然后开出两朵并在一起的莲花，我们称这种荷花为"并蒂莲"。并蒂莲是荷中的珍品，因为并蒂莲这种异变发生的概率是十万分之一。人们喜欢以它来比喻白头偕老、永结同心的爱情。

长相硕大的荷叶

荷花的叶子很大，直径可以达到70厘米，通常有14~21条叶脉。叶脉从荷叶中心向四周辐射，叶子表面很粗糙，还布满了短小的刺，小刺之间还有一层类似蜡质的白粉。

荷的全身都是宝！荷又被叫作"莲"，其花瓣可以入药。它的果实叫莲蓬，莲蓬内有子，名为"莲子"，莲子可以直接食用或入药，也可以碾成粉，制成莲蓉，做成各种甜食。莲藕是荷的根，埋于水底的淤泥中，它不仅是一种很好的蔬菜，还是制作蜜饯的原料之一。此外，荷花的雄蕊可晒干，做成草本茶；荷叶也可入药或用来包裹食物，从而使食物带有清淡的荷叶香。

睡 莲

睡莲是一种多年生的水生草本植物，叶子并不像荷花叶子那样挺出水面，而是呈缺口的圆形漂浮在水面上，并且睡莲的花着生在花梗的顶端，而花梗又非常短，所以花也是漂浮在水面上的。

睡莲喜欢强光，而且一定要在通风的环境下生活，它对土质没有严格的要求，不过在偏碱性、富含有机质的土壤中能更好地生长，而且土上水深最好不超过80厘米。

睡莲的根是由粗壮的底端茎发育而成的，这种根状茎很短，但是里面含有大量的养料可以供睡莲生长。花为多重花瓣，有白色、粉色、红色、黄色等多种不同的颜色。

睡莲白天开花，到了晚上就闭合，所以又叫作"子午莲"。此外，睡莲还有"花中睡美人"的美称。

全世界有40~50种睡莲，在中国只能见到其中的5种。

在长江流域，睡莲在5~9月开花，7~10月结果。

睡莲比较耐寒，在江南地区，冬天并不需要额外防护。但11月后，因为气温下降，睡莲就进入休眠期了，它会一直休眠到来年春夏之交。

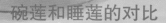

碗莲和睡莲的对比

睡莲的叶子只浮在水面上，呈带缺口的圆形，而碗莲的叶子有浮在水面上的，也有挺立在水面上方的；睡莲的根是块状茎，上面有须根，而碗莲的根是藕；睡莲只需隔年翻盆，而碗莲每年都要翻盆。

碗 莲

　　碗莲是一种能在花盆中栽种的荷花品种，而且花径越小品种越珍贵。如果种植成功，还能培育出花径为5厘米的碗莲，它们小巧玲珑，摆在家中也能成为一道风景。

　　碗莲喜欢充足的阳光，栽种时最好选用一般的河塘泥土。另外，还要注意水量的控制，刚栽培时，水太多会降低整个容器的温度，从而影响幼苗的发育；当碗莲长出叶子后，加注一些清水让叶子可以漂浮出水面来进行光合作用。碗莲在生长过程中需要一定量的肥料才能正常发育，但是要把握住肥料的分量，不然碗莲的叶子会快速生长，但是花开却遥遥无期。

你知道吗？

　　一般叶子直径不超过15厘米的碗莲就是比较优秀的品种。虽然它们名叫"碗莲"，但若用一般的家用碗种植，会影响碗莲的正常生长。一般选用直径在25~35厘米，深度为20~25厘米的盆钵种植比较好。

王 莲

王莲属于睡莲科，是多年生水生草本有花植物中叶子最大的植物。最大的王莲叶子直径可以达到3米，就像一个巨大的绿色大盘子在水面上漂浮着。

浮力强劲的水上王者

王莲大概是唯一可以承载小孩重量的水生植物了，它们叶子的构造就像是一把伞，里面有很多坚韧的叶脉像伞骨架一样撑起王莲叶子。叶子中也有很多装满空气的气室可以增加浮力，一个刚出生的婴儿可以安稳地睡在王莲叶子上，就像睡在摇篮中一样。

你知道吗？

王莲原产于南美洲的热带地区，生长在河湾和湖泊中。现在，全世界各地的公园都广泛种植了。

王莲的叶子是倒置的伞形，很容易积水，但王莲有自己的排水妙招。王莲叶子的边缘有两个缺口，积水会从缺口处流出，避免了叶子因长时间泡水而腐烂。

王莲喜欢在温度高、湿度高的环境下生活，它们非常害怕寒冷，只要温度低于20℃便会停止生长，是一种非常典型的热带植物。在中国，只有四季温差不大的海南、西双版纳等地才能让王莲安然地露地过冬并结出种子。如果想在其他地区培育王莲，就必须做好越冬准备，否则王莲很可能会被冻死。

王莲果实成熟一般在冬季，果实成熟后，果皮很快就会腐烂，里面包裹的种子立刻掉入水里，落入水底的泥中，萌生出新的幼芽。王莲不仅叶子巨大，花朵也非常硕大，花瓣重重叠叠数目很多。刚开放的王莲花朵洁白，高雅芬芳，整个花期最多持续3天，花色也慢慢地由白色转变为粉红色，最后颜色变深，凋谢的时候花朵甚至可能变为紫红色。

桂　花

　　桂花又名"木樨"，是木樨科植物的代表，它是一种常绿灌木或者小乔木，是中国特有的一种芳香树。桂花叶子对生，花朵簇生，开花时幽香可以飘到很远的地方。

　　常见的桂花有3种：金桂、银桂、四季桂。除四季桂外，其他两种桂花都只在秋天开花，正是中国的阴历八月，因此它们又统称为"八月桂"。

　　我国广西壮族自治区有个美丽的城市——桂林，那里的山水风景被游人称为"人间天堂"，素有"桂林山水甲天下"的美誉。而"桂林"这个名字就来自桂花，即"桂林桂林，桂树成林"。桂林市里，到处都有桂花树，每年金秋时节，满街桂花香沁人心脾。桂花酒、桂花糕、桂花露、桂花茶等，都是既美味又养生的好食品。

桂花喜欢温暖湿润的生活环境，最适合桂花生长的温度为15~28℃，而且比较能抗寒，在-13℃的环境里还能生存。桂花生长过程中，湿度也非常重要，年度平均湿度最好保持在75%~85%之间。桂花在幼年期、生长发育期和花开期间都需要大量的水分。

桂花不仅可以观赏，而且可以用来做膳食，并且还可以入药。桂树的花、果实、根都可以入药，花朵用来泡茶喝能活血润喉，有效缓解声音嘶哑、皮肤干燥等症状。

桂树的花朵入药可以散寒破结，止咳化痰。

桂树的果实入药可以暖胃、驱寒、平肝，能治疗胃寒胃痛。

桂树的根入药能驱寒，多用于治疗风湿、腰痛、筋骨疼痛、牙痛、肾虚等。

你知道吗？

桂花的叶子为对生状，呈椭圆形或者是狭长的椭圆形，叶子边缘有细小的锯齿，花朵一簇簇一团团地在枝头开放，一般多开在当年生的枝干的叶腋处。每一朵花都有4个花瓣，花香可以飘散到很远的地方。

小小桂花香天下

桂花并不是桂林的特产，两广地区、云南、湖南、湖北、安徽、江西、四川、陕西等地方都种植桂花。桂花适应气候的能力很强，分布范围北至黄河下游，南至海南省。与中国南部接壤的邻国也是桂花的产地，比如印度、尼泊尔、柬埔寨等。

连 翘

连翘属木樨科落叶灌木。连翘的叶子一般开花后才长出来，连翘金灿灿的花挂在枝头，花朵幽香淡雅，是一种明艳可爱的植物，具有很强的观赏性。

连翘的高度可达3米，叶子对生，呈卵形或者是长椭圆形，边缘有细小的锯齿。花朵像一串串挂在枝头上的钟，有时候一朵花单生于叶腋上，有时候好几朵从叶腋中长出。先开花后长叶的连翘花枝就像一条明黄色绸缎，非常好看。

中药连翘

连翘是一种传统的中药，经过加工处理后，主治感冒发烧、咽喉肿痛、急性肾炎，可以强心、止吐、利尿、抗菌等，但是一定要按照医生的要求服用。

连翘对土壤没什么严格要求，它们喜欢在阳光充足、气候湿润的环境下生长，不要被太阳直接照射。连翘比较耐寒，对贫瘠干旱的土地也不挑剔，不过不能过多浇水，不然它们会受涝而死。

连翘花早春3月即开，满树金黄色，是一道亮丽的风景。连翘7~9月结果，果实刚刚成熟时是青色的，被称为"青翘"，熟透了就渐渐变黄，到采收时就被称为"老翘"了。

我国大多数省份都种有黄连翘，其中以山西、河南产量最多。这些黄连翘不仅行销全国，还出口到国外。

连翘果实是卵形的，长约1~2.5厘米，直径在0.5~1.3厘米之间。果实表面呈现黄棕色，有纵向的皱纹和突起的小斑点，两侧各有一条明显的沟。果实顶端尖锐，果皮脆而硬。

迎春花

迎春花，木樨科落叶灌木。在中国传统历法中，以春天为一年的开始，而在百花当中迎春花开花最早，叶子在开花后才长出，它一开花就预示着春天已经来临，所以得名"迎春花"。迎春花喜欢温暖的阳光，可以忍受有点儿阴凉的环境，比较耐寒，但是却非常怕涝，喜酸性土壤，碱性土壤中生长的迎春花会发育不良。

迎春花和连翘都属于木樨科植物，但是二者有很多不同：连翘比较高大而且枝条不会垂下来散开，而迎春花的枝条就会呈拱形垂落下来；连翘的小枝颜色比较深，大多为浅褐色，而迎春花的小枝则为绿色；连翘会结果，而迎春花很少能结果。

迎春花的药用

迎春花的叶子可以入药，用来解毒、化瘀、止血止痛。

迎春花的花朵可以利尿、解毒，常用于治疗发热头痛。

迎春花的小枝条细长柔韧，下垂散开生长，最长可以达到2米。叶子为椭圆形卵状，在叶腋处长出花苞，花朵就像一个个鲜黄色的高脚杯，整个花枝看起来非常雅致，迎春花是用来点缀庭院、布置花坛的重要花卉之一。

你知道吗?

　　迎春花为落叶灌木，但野生的迎春则是常绿的。野迎春比一般的迎春花期要晚，花开的时候不长叶子。迎春花2~4月开花，与同样在冬春之际开花的梅花、水仙和山茶花并称"雪中四友"。迎春花在我国北方、西北和西南都有分布，但迎春的原产地则是在华南和西南的亚热带地区。

朱顶红

朱顶红是一种石蒜科的单子叶多年生草本植物，有肥大的鳞茎，叶子在枝干两侧对生，叶片肥厚且富有光泽，一般先开花后长叶，花朵硕大，颜色艳丽，是一种优良的观赏性花卉。

朱顶红的花朵硕大肥厚，可以用来装饰房屋，花朵有大红色、玫红色、橙红色、淡红色、白色等，除了纯蓝、纯黑、纯绿外，大概朱顶红花已经包含了所有颜色。

五颜六色的朱顶红

"娇气"的朱顶红

朱顶红喜欢温暖湿润的气候环境，非常害怕阳光直射，也不能忍受酷热高温，所以最好在有阴凉的凉棚下种植，而且要种在土质疏松、排水性能良好的沙壤土中，这样，朱顶红的根系才不会受涝坏死。

朱顶红又称"朱顶兰"，原产于巴西和秘鲁一带，如今已经遍布世界各地。朱顶红的外形很像君子兰，所以也被叫作"君子红"。

朱顶红不仅可以盆栽，还可以水养。水养的朱顶红会在水盆中长出洁白的根须，映衬着翠绿的叶子和鲜艳的花朵，使整株植物格外好看。

你知道吗？

朱顶红可以活血化瘀，用来治疗跌打损伤。

君子兰

君子兰是一种石蒜科多年生的常绿型草本花卉，也是一种在冬季春节前后开花的植株。它不能被强光照射，最好在凉爽的环境下种植，但是当温度低于5℃时，君子兰就会停止生长，进入一种休眠状态。如果长时间处于这种状态，整个植株就会被冻死。

儿童植物百科全书

被子植物

君子兰比较适合在腐殖质丰富的微酸性土壤中生长，并且土壤的透气性、排水性要好，只有这样，君子兰才会发育得健康。

君子兰原产于南非，现在共有6种：大花君子兰、有茎君子兰、垂笑君子兰、细叶君子兰、奇异君子兰和最特别的沼泽地君子兰。我国栽种的君子兰主要是垂笑君子兰和大花君子兰两种。

在民间，君子兰有很好的象征意义。君子兰的叶子光滑平实，像剑一样伸展着，因此，人们赋予它坚毅、高贵、不屈的品格。君子兰的花朵艳丽饱满，象征着幸福、繁荣和吉祥。

君子兰的形态特征

君子兰的叶片呈对称挺拔生长，并且四季常青。主茎竖立在叶片中间，顶端有伞状花序，有十几朵小花长在上面，每个小花都有自己的花柄。花朵一般为橘黄色或者黄色，香味虽然没有其他芳香型花卉浓郁，但是端庄大方的姿态也别有一番韵味。

你知道吗？

君子兰的根和叶有一定的共生性：如果它们的根系受到损伤，那么叶子也会相应地枯萎或者颓败；如果叶子萎靡不振，那么根系的生长也会受到影响；如果根系长出了新的根叶，那么上面也会同样长出新的叶子。

仙人球

    仙人球是仙人掌科多年生的一种草本植物，整个植株的主茎呈球形或者是椭圆形，肉质多浆，全身覆盖着浓密的刺和小刺毛，花朵开在刺丛中，就像一个漏斗。

"空气清新器"

    仙人球俗称"毛球"，原产于南美洲，现在已经遍及全世界，被人们广泛栽培。

    仙人球可以吸附尘土，是不折不扣的"空气清新器"。

掌上盆景

    仙人球有"掌上盆景"的称号。它体积小，便于搬运甚至携带，又有净化环境的作用，现代人的居室中经常摆有仙人球。

你知道吗？

    仙人球一般生长在干旱少雨而且温度非常高的沙漠地带，它们非常能忍受干旱气候，而且主要的生长期就在夏季，这也是它们开花的季节。

仙人球一般在球茎上开出喇叭形状的花，这些花有金黄色、白色和红色等不同颜色。它们一般在清晨或者傍晚开花，花期最久持续1天，在球状茎身侧总会长出一些小的仙人球，非常可爱。仙人球不仅可以被当作观赏性植物，它还是一种治病的药草。将仙人球去刺之后，捣烂茎里面的肉质，糊在冻疮或烫伤处，可以缓解疼痛。

蟹爪兰

蟹爪兰是一种仙人掌科附生性小灌木，茎扁平肥厚，一个分枝由好几节卵圆形的茎连接而成，并向四周扩张生长。由于分散生长的节状枝干和蟹爪形状非常相似，故得名"蟹爪兰"。

蟹爪兰又叫"圣诞仙人掌"或"仙指花"，原产于巴西，花期从9月至来年4月。其中，根据花期的早晚，蟹爪兰还分为早生种、中生种和晚生种。它是附生类的仙人掌，喜欢温暖潮湿的地方，热带和亚热带的雨林为蟹爪兰提供了舒适的温床。

蟹爪兰的茎不是一般植物的那种细长柔韧枝条或者木质化的枝干，而是由一节节鲜绿色、卵圆形、扁平肥厚的肉质茎组合而成。茎的前端是被截断的形状，边缘有粗糙的锯齿，整个枝节向下垂，就像蟹的两个前爪向外挥舞着。

"好运之花"

蟹爪兰喜欢在半阴凉、湿润的环境里生活，它们不能直接暴晒在阳光下，也不能被雨淋。蟹爪兰最好种植在混合性土壤里面，比如说腐叶土、泥炭和粗沙混合的土壤，具有一点儿微酸性将会更有利于蟹爪兰生长。蟹爪兰绚烂多姿，人们把它当作好运来临的象征。

蟹爪兰一般在秋冬季节开花，花开于茎的顶端，每株蟹爪兰都可以开出很多小花。有粉红色、紫红色、白色等多种颜色。蟹爪兰入药可以消肿解毒，治疗腮腺炎。

黄毛掌

　　黄毛掌原产于墨西哥北部，又名"兔耳掌"，是仙人掌科多年生的一种植物，整个株高60~100厘米，茎肥厚肉质，呈扁平的长椭圆形，茎上长满了浓密的金黄色钩毛，一般在夏季开出淡黄色的花。

黄毛掌"变异"

　　现在，黄毛掌有很多变种植株，它们不仅仅长金黄色的钩毛，比如白毛掌就长有浓密的白色钩毛。此外，还有红褐色钩毛、浅黄色钩毛等等。

　　黄毛掌的枝干上有很多分枝，可以说整个黄毛掌就是由一节节的茎节组合而成的。和蟹爪兰比起来，黄毛掌的茎节要饱满肥硕一点儿，而且上面长满了金黄色的钩毛。黄毛掌的花呈漏斗型，长在整个茎节的顶端，果实是一种红色圆形浆果，果肉呈白色。

你知道吗？

　　黄毛掌生命力顽强，能在各种不同的环境下生存。喜欢阳光充足的环境，但也比较能忍受严寒，只要温度不低于5℃，黄毛掌便能存活下来。黄毛掌对土壤的要求不严格，但选用沙质土壤来栽培并注意通风，能让其生长得更好。

椰子树

椰子树是一种常见的棕榈科常绿型乔木，最高的植株可以达到约30米。椰子树树干高大笔挺，叶子呈羽状裂开，非常有特点，一般生长在热带海岸边。椰子树主要有绿椰、黄椰和红椰3种类型。

椰子树分布在热带和亚热带地区，特别是赤道附近的海滨分布最集中。

椰子树多生长在海边或河边的冲积土上，这种土富含养分又有较好的吸水性和排水性。椰子树喜欢强烈的阳光和充沛的雨水，热带海滨是它们最好的栖身之所。

儿童植物百科全书

被子植物

浑身是宝的椰子树

椰子壳有很好的药效，它可以祛风、祛湿、止痒、止痛。椰子油外用，能够止痒、治疗冻疮、清热、解毒、杀虫，它还是制作香皂的优质原料。

另外，人们常用椰子叶和椰子壳制作成精致的生活用品，陈设在室内，既实用又好看。

椰子树还是一种优良的园林树木，所以常常被种植在街道旁做行道树，或者是被当作风景树木来展现热带地区的风光。

美味的热带水果

　　椰子树的果实叫椰子、椰果，是一种著名的热带水果。椰子的形状像一个球，外壳由纤维物组成，包裹着内部可食用的肉质，椰肉中间由胚乳形成的浆液叫作椰汁，可以直接吸食。

西 瓜

西瓜是一种典型的葫芦科植物，因为它有葫芦科植物所特有的肉质果——瓠果。一般葫芦科的植物属于攀援或者是匍匐在地上的草本植物，西瓜就必须匍匐在地上才能更好地开花结果。西瓜的瓜子经过处理后可以制成一种饭后茶食，不同的处理过程使瓜子也有甜瓜子和咸瓜子的分别。

西瓜是一种蔓生的草本植物，长了四五片叶子后，藤茎就开始匍匐在地上生长。西瓜的叶子在藤茎上互生，而且分枝性非常强，一根主要藤茎可以长出三四根侧枝。西瓜是雌雄同株，但不是同一朵花，西瓜开的花为黄色。

西瓜结果后，外部瓜皮呈绿色，有墨绿色条纹环绕瓜身；瓠果里面的果肉分乳白色、淡黄色、淡红色、大红色等几种，水分充足，鲜脆汁甜，含有丰富的维生素。西瓜不仅是夏天必备的消暑水果，而且还具有利尿的作用。

常见的西瓜品种有黑美人、无籽西瓜、花皮西瓜、蜜宝和乐宝。其中，黑美人和花皮西瓜是椭圆形的，其他品种都是圆球形。

你知道吗？

西瓜的原产地在非洲热带地区，直到10世纪才从西域传入中国，因此被叫作"西瓜"。西瓜属于寒性植物，所以五代以前一直被称为"寒瓜"。

哈密瓜

　　哈密瓜是一种葫芦科甜
瓜属植物，是甜瓜的一个变种，果
实较大，呈圆形或椭圆形，味道香甜，
含糖量较高，有"瓜中之王"的美称。因哈
密所产的哈密瓜最著名，所以取名"哈密瓜"。哈密瓜的品种很多，一般"红心
脆""黄金龙"的品质最好。

　　哈密瓜有网纹皮、光皮两种，颜色有黄色、绿色、白色等，每个品种的口味也不相同，但
都味甜如蜂蜜，香气袭人，越靠近种子的地方，甜度就越高，靠皮的地方比较硬，所以吃的时
候要把皮多削一点儿。哈密瓜不仅风味独特，而且营养丰富，是夏季解暑的佳品。

我的全身都是宝！

　　哈密瓜全身都是宝，果肉营养丰富不仅可
以当水果，还可以制成瓜干、瓜汁、瓜脯等。
瓜蒂、瓜子可以入药，瓜皮可以喂羊，瓜子还
可用于制作精油，广泛用于医药、美容、保健
等领域。

123

板栗树

板栗树是一种高大的乔木果树，非常喜欢光照，强壮的母枝由于具有顶端优势，更容易结出果实；板栗树成花、结实对光照条件要求较高，两侧树枝如果没有经过修剪则会慢慢颓败。

板栗树结的果叫作"板栗"，是一种香甜可口的干果零食。果肉里面富含淀粉、蛋白质、脂肪、维生素B等营养成分，不管是生吃还是加工处理、做菜都极具食疗保健功能，而且还非常美味。

我国的板栗产地集中在北方和沿海地区。陕西、山西、山东、河北、河南、北京、天津、江苏、安徽、上海、江西、福建、浙江等地都是板栗的主要产地。

全世界都有栗子出产，但只有中国和日本的板栗才具有抗真菌的天性。所以，中国和日本也就成了全世界栗子的主要产地。现在，美国也开始引进这种优质的板栗树了。

有总苞的板栗树的果实

板栗果实的外面有一层坚实有刺的外皮，果实成熟后，外皮那个总苞就会裂开，露出里面的紫褐色坚果，有的坚果表面有褐色绒毛，有的则非常光滑。板栗树的叶子呈长圆形，边缘有锯齿。板栗树是乔木，可以长到15~20米高，4~6月开花，9~10月间结果。

板栗树的地区种群

我国板栗种植的历史可以追溯到公元前。板栗根据分布区域分为华北和长江流域两大种群。

北方的燕山一带产量最为集中，如遵化、青龙、兴隆等，在国际上知名的有"青龙甘栗"；南方培育出的品种很多，比如平顶大红栗、广西早熟油猫栗等。

香 蕉

香蕉是芭蕉科多年生常绿草本单子叶植物，它没有主根，由根状茎发出的叶柄组成一个假杆，叶子为绿色长圆形，开穗状的花。结香蕉后，香蕉被砍掉，假杆枯萎，种子已没有发芽能力，繁殖主要是利用地下茎所生出的吸芽。

一株香蕉树一般结果10~20串，50~150个，香蕉呈长圆形，有点儿弯曲。没有成熟的时候是绿色的，成熟之后为黄绿色。因为香蕉成熟之后很难保存，一般在没有成熟之前就采摘了。香蕉是很常见的水果，果肉很滑，味道香甜，营养丰富，食用香蕉可以降压通便、减肥美容，而且还可以治疗抑郁症，使人愉快。

你知道吗？

我们一般吃水果的时候，都会在里面发现种子，但是香蕉却没有。其实不是香蕉没有种子，而是人工培植的香蕉，其种子早已退化。现在，野生香蕉里还有种子。如果仔细观察，你就会在香蕉里面发现一排排褐色的小点儿，那就是香蕉的种子。

樱　桃

　　樱桃是蔷薇科落叶乔木植物，整株的高度可达8米，叶子呈卵形或卵状披针形，边缘有锯齿；花比叶子先开，为白色或略带红晕，一般3~6朵花簇生；果实较小，里面有核，可做水果食用。

　　樱桃的果实、根、叶、核都可以做药材，果实有补气、祛风湿等功效，叶和核有清热解毒的作用，麻疹患者可多吃。樱桃的营养价值也很丰富，是水果中含铁最多的，对缺铁性贫血有一定的辅助治疗效果。此外，樱桃中还含有胡萝卜素，维生素B、C以及钙、磷等矿物元素。

　　樱桃成熟时颜色艳丽，玲珑剔透，果皮深红色的叫"朱樱"；果皮黄色的称为"蜡樱"；颜色为紫色而又有黄斑的为"紫樱"；果皮为红黑色的称为"黑珍珠"，这种樱桃果小、前端红色。这些樱桃中，蜡樱味道最甘美。

桑 树

桑树是一种落叶乔木，树高大约有16米，叶子为卵形或宽卵形，前端比较尖，后面逐渐变得阔大，到连接叶脉的位置就呈现圆形或者是心形，叶边缘有粗钝的锯齿。

儿童植物百科全书

被子植物

"民间圣果"

桑葚略带寒性，是滋补养生的佳品，可以滋阴补血、生津止渴，还能治疗因气血不足引起的头晕、耳鸣和失眠。另外，对容易腰酸背疼、肠胃功能不好和须发早白的人来说，常食桑葚能缓解症状，提高健康指数。

所以，桑葚这种好东西早就被称为"民间圣果"了。其实早在2000多年前，桑葚就被摆上皇帝的餐桌，成为御用补品了。

桑树全身各个部分都能入药。桑皮是重要的中草药，它具有平喘、利尿的功能，还能治疗脚气和水肿；桑叶可以治疗感冒、头疼、干咳等病症；桑根具有清热、祛风、通络的功效，还能舒缓牙痛和筋骨疼痛等。

桑树的叶子是家蚕的主要饲料，家蚕吐出的蚕丝是纺织行业的上等原料，桑叶的营养含量也决定了家蚕吐出的丝的质量。

桑树的根系发达，更新能力非常强，喜欢阳光，生长速度快，能抗旱也比较能抗寒。它的适应能力非常强，各种环境都能忍受，不管是温度比较高还是气候潮湿，又或者是土壤呈碱性，桑树都可以继续生长。

桑树的果实是桑葚，成熟后的桑葚为紫红色或者是黑红色，味道甘甜，是夏季人们常吃的一种饭后水果。

梨 树

梨树是一种落叶乔木，树干上覆盖着一层粗糙的外皮，树枝撑起来就像一把伞。它所开的花洁白如雪，有股淡淡的清香，自古以来就受到文人墨客的喜爱。

梨树的叶子为披针形，在秋冬季节会落叶。树皮在幼时比较光滑，随着树龄的增长，树皮会变得越来越粗糙。

梨树的生长环境

梨树喜欢温暖的气候，开花结果都需要比较高的温度，而且它们需要大量的光照和水分才能正常生长。梨树对于土壤酸碱程度的适应性非常广泛，一般透水性能和保水性能比较好的疏松土质都能让梨树更好地生长。

梨花不仅漂亮，结出的果实——梨也非常有价值。梨可以生吃，香脆宜人，汁甜爽口，还可以加工用来酿酒，和川贝一起处理后还具有止咳、生津、润肺的功效。

苹果树

苹果树是一种蔷薇科苹果属植物，为落叶乔木。叶子的形状是椭圆的，边缘有锯齿，花的颜色为白色并带有红晕。它的果实呈圆形，味道甜中带点儿酸，是人们很喜爱的一种水果。

苹果树在栽后2~3年才结果，每个品种的开花结果时间不同，一般在4~5月开花，8~9月结果。果实的颜色和大小因品种而不同，颜色较常见的为红色和青色。已知的苹果品种约有7500种，知名的有红富士、红星系列等。

苹果树是一种喜光植物，充足的阳光可使苹果色泽浓艳、光面光滑，而且土壤的土层要深厚，排水良好并且富含有机质，土质为微酸性到微碱性的，以沙质土壤为最好。

你知道吗?

苹果含有丰富的果胶，可以降低胆固醇的含量，又能抑制肠道不正常的蠕动，抑制轻微腹泻。苹果中的粗纤维具有通便的效果，而维生素C对保护心血管有很好的作用。每天吃1~2个苹果会对我们的身体有很大的益处。

柑 橘

　　柑橘是一种柑橘属落叶小乔木或灌木。它的分支比较多，有少量的刺。叶片为披针形、椭圆形，单生复叶。花单生或2~3朵簇生在叶子的腋下，颜色为黄白色。果实呈扁球形，橙黄色或橙红色。皮比较薄，剥开有7~14瓣瓤。果肉酸中带甜，种子或多或少，有的没有种子。

　　柑橘树常年绿色，树形美观，春天开花的时候花香四溢，秋天果实金黄色，颜色比较吉祥，很适合做城市绿化和家庭盆栽树，很多品种都已经走进千家万户。

被人忽视了的橘皮

　　人们吃橘子的时候往往就把橘皮扔掉了，其实，橘皮富含维生素B_1、维生素C、维生素P和挥发油，其中维生素C起抗氧化作用，和维生素P配合，可以增强坏血症的治疗效果。橘皮一般吃陈的比较好，也被称为"陈皮"，可做橘皮茶、橘皮酒、橘皮粥等。

你知道吗？

　　柑橘是橘、柑、橙、柚等的总称。柑子比较大，近于球形，为黄色、橙黄色或橙红色的厚皮，海绵层厚，质松；橘子较小，常是扁球形，皮为橙红、朱红或橙黄，果皮比较薄，海绵层薄，果肉质韧；橙子一般为圆形，表皮光滑，不容易剥开，最常见的为脐橙；柚子是最大的一种柑橘类水果，果皮为黄色，果实比较紧密，果实有一排排的种子。

榕　树

榕树是桑科下的一种常绿大乔木，高约30米，原产于亚洲的热带、亚热带地区。有时候一棵榕树可以形成一片林，因为从榕树的侧枝上会长出一些气生根，这些气生根会垂到地面而后长入土中，长出新的树根。所以，榕树可以独木成林。

我国南方和东南亚、南亚地区大量分布着榕树。榕树的叶子、气根和嫩芽可以清热解毒，树皮可以制造渔网。

榕树的气根可以治疗支气管炎、疟疾、痢疾、扁桃体炎、风湿和百日咳。

你知道吗？

榕树一般生长于高温多雨的热带雨林地区，但作为盆景栽种时，不能经常给它浇水，水分过多会导致根系腐烂，还得注意一定要保持土壤疏松，透水性好。一旦浇水，要让所有土壤都完全浸湿。

榕树的生长对环境温度要求很严格，如果昼夜温差超过10℃，榕树的健康就会受到严重影响。中国有100多种榕树，仅云南省就有67种。广东、广西、福建、浙江、台湾等地气候条件适宜，也广泛种植着榕树。

世界上树冠最大的树

榕树是世界上树冠最大的树，能形成一个巨大的伞状。宽大的树冠为南迁过冬的鸟儿提供了栖身之所。榕树叶片为革质椭圆形，叶子边缘微微呈波浪状，属于互生树叶。叶子前端有点儿尖，往后的基端渐渐圆润，最后呈现圆形。

在叶腋位置花序托会单生或者成对出现，花朵隐蔽，果实在叶腋处着生。果实近似球形，颜色开始为绿色，全部成熟后就变为淡黄色或者是红色，这种果实是鸟类最喜欢吃的食物。

137

南 瓜

南瓜是一种葫芦科南瓜属植物，为一年生双子叶草本植物。它能爬蔓，叶子是心形的，开黄色花，结的果实一般为圆形或是梨形，没成熟的时候为绿色，成熟为赤褐色，表面光滑或有一条条的沟，是人们常见的蔬菜。

南瓜全身85%都能食用，吃的时候去皮，果肉可做蔬菜，也可以做成各种南瓜食物，比如南瓜饼就很受人们的欢迎。南瓜的瓜子可以炒干做零食，瓜蒂可以入药。

不起眼的南瓜价值大！

南瓜营养价值丰富，含有淀粉、蛋白质、胡萝卜素、维生素B等物质。

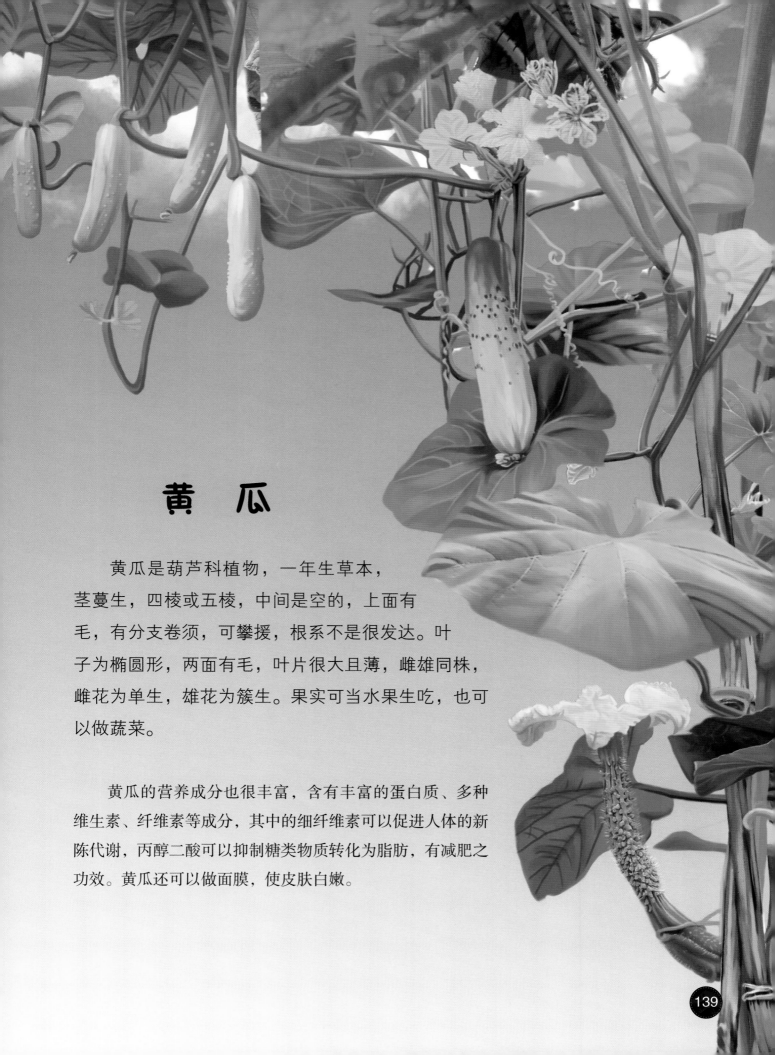

黄 瓜

黄瓜是葫芦科植物，一年生草本，茎蔓生，四棱或五棱，中间是空的，上面有毛，有分支卷须，可攀援，根系不是很发达。叶子为椭圆形，两面有毛，叶片很大且薄，雌雄同株，雌花为单生，雄花为簇生。果实可当水果生吃，也可以做蔬菜。

黄瓜的营养成分也很丰富，含有丰富的蛋白质、多种维生素、纤维素等成分，其中的细纤维素可以促进人体的新陈代谢，丙醇二酸可以抑制糖类物质转化为脂肪，有减肥之功效。黄瓜还可以做面膜，使皮肤白嫩。

番 茄

番茄又称为"西红柿"，是一种茄科草本植物，如果条件适宜可以生长很多年，但一般是一年生。番茄的植株高度为0.7~2米，茎容易倒，而且分枝很多，散发一种奇怪的味道。叶子边缘有锯齿，一般为卵形，开黄色的两性花，成熟的果实是红色或橘红色，表面很光滑。

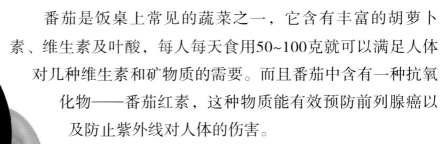

番茄是饭桌上常见的蔬菜之一，它含有丰富的胡萝卜素、维生素及叶酸，每人每天食用50~100克就可以满足人体对几种维生素和矿物质的需要。而且番茄中含有一种抗氧化物——番茄红素，这种物质能有效预防前列腺癌以及防止紫外线对人体的伤害。

番茄适于在温暖的地方生长，一般适宜温度为白天25~28℃，晚上16~18℃，如果低于10℃生长发育就比较慢，0℃就冻死了，高于40℃就热死了，所以适宜的温度、充足的光照，是番茄健康生长的保证，不仅能减少虫害，还能提高产量。

辣 椒

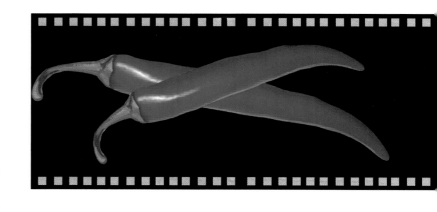

辣椒是一种双子叶茄科植物，一年生草本，株高40~80厘米，叶子形状为卵圆形，开白色的花，果实一般是长圆形，没成熟的时候是绿色的，成熟之后多是红色，也有紫色和橙色的，味道辛辣，是人们上好的蔬菜和调味食料。

辣椒是蔬菜中含维生素C最多的食物，而且特有的辣椒素具有抗炎或抗氧化作用，适量食用可健胃、降脂、降血糖，多食会引起肠胃疾病，一些火热症状如火眼、咽痛、痔疮等也不宜食用。

史高威尔指数

辣椒的种类有很多，全世界有2000多种，常见的有甜柿椒、朝天椒、长椒类、樱桃椒类、簇生椒类等，而且还有很多变种种类。这些辣椒的辣度各不相同，一般用"史高威尔指数"来评定辣椒的辣度，指数越高，辣椒就越辣。

萝 卜

　　萝卜是十字花科植物，属于一种根茎类蔬菜。它的根肉质很厚，一般是长圆形或球形，皮为白色、红色、青色等，是人们食用的蔬菜之一。茎从基部分支，生出叶柄和叶，叶柄呈白色，叶子为绿色，整株像圆柱，花开在顶端，为粉红色或白色。

　　萝卜可分为白萝卜、青萝卜、红萝卜、樱桃红萝卜等。白萝卜是最为常见的萝卜，长圆形，大头比较大；青萝卜就是青绿色的萝卜；红萝卜是指表皮为红色的萝卜，有的根肉为浅红色，有的为白色。胡萝卜不属于萝卜，它和芹菜、香菜等属于伞形目伞形科。

　　萝卜中含有的辣味成分有抑制异常细胞的分裂作用，因此可以抗癌、杀菌、抑制血小板凝聚等功效。萝卜叶中的维生素C含量比萝卜多很多。萝卜籽可以入药，也可以制肥皂或润滑油。

白　菜

　　白菜是一二年生的草本植物，它的主根粗大，侧根很发达，根系扎土较浅，呈水平分布。有的种类叶片上面有毛，有的没有毛，一层层包裹着，形状就像莲花座。白菜开淡黄至黄色的花，叶球、莲座叶或花茎都可以食用。

白菜的分类

　　白菜有结球和不结球两大类群，结球的白菜统称为"大白菜"，叶子为浅绿色，有褶皱，叶球很紧密地包裹在一起。不结球的统称"小白菜"，叶子颜色为深绿色，菜心为黄色。

你知道吗?

　　白菜是一种很普通的蔬菜，价格也很便宜，但是它的营养价值很高，不仅含有丰富的粗纤维、维生素C，还含有锌、铜、钾等微量元素。长期食用可收到清热解烦、助消化、护肤和养颜的效果，而且丰富的锌可以促进幼儿的成长发育。

土　豆

土豆的学名为"马铃薯"，是一种茄科多年生草本植物，但一般为一年或一年二季栽培。叶子为羽状复叶；地上的茎是棱形的，地下的块茎为椭圆形、圆形，可供食用；花像一把伞开在顶上，为白色、红色或紫色。

土豆在世界各地都有种植，对土壤的适应性很强，但它比较喜欢冷凉干燥的地区。我国在明朝的时候从国外引进土豆品种，很快在我国北方普及。

你知道吗?

土豆是重要的粮食、蔬菜作物，含有大量的碳水化合物、矿物质以及维生素C，长期食用能够抗衰老、减肥和美容，还可以清肠通便，但发芽的土豆含有毒物质，易引起中毒。马铃薯最好是去皮吃。

冬 瓜

冬瓜是一种一年生葫芦科植物，结很大的果实。主要生长在夏季，取名"冬瓜"是因为冬瓜在成熟的时候表面有一层白粉状的东西，很像是冬天所降的白霜，有的也称为"白瓜"。原产地在我国的南部以及印度，是夏秋季节的主要蔬菜之一。

冬瓜肉质厚，疏松多汁，味道比较清淡，是一种药食两用的瓜类蔬菜。它不仅含有丰富的蛋白质、碳水化合物、氨基酸和粗纤维等，食之还有利尿护肾、降血压、护肝、减肥美容的功效。冬瓜籽可以入药，有清肺化痰的作用，也可以做休闲食品。

冬瓜是蔓生植物，藤茎上有毛，叶柄粗大，叶片椭圆状，有3~5片裂片，边缘有小锯齿，表面颜色为深绿色，有毛，背面为灰白色，比较粗糙有硬毛。冬瓜是雌雄同株，花单生，雌花梗长不及5厘米，雄花梗长5~15厘米，颜色为黄色。

奇异植物

自然界中的植物不仅颜色姿态各异，就连生活方式和繁衍模式都各不相同。有的植物不靠种子繁殖而是胎生繁殖；有的植物不吸收土壤养分生存反而捕食昆虫；有的植物看似弱小，却生有剧毒。

奇异植物种类繁多，常见的奇异植物主要有大王花、巨型海芋、白鹭花、忘忧草、蝙蝠花、好望角茅膏菜、树木扼杀者、维纳斯捕蝇草、银扇草、龙海芋、罗马花椰菜、舞草、复苏蕨、迷幻类植物、芦荟、含羞草、猪笼草、槲寄生、红树、毛毡草、罂粟、瓶子草、蝎子草、箭毒木、夹竹桃、一品红、曼陀罗、乌头等。

　　自然界的奇异植物非常多，它们各自都有独特之处。下面，我们就来详细了解几种奇异植物吧。

红　树

　　一般的植物从种子开始就独立在外发芽，然后生长成熟。与一般植物不同的是，红树的发育方式则是胎生。红树结果后，种子直接在母树的枝条上发芽，然后长成幼苗，最后再脱离母树落在海滩上独立生长。

　　红树一般都生长在海岸泥沙淤积的地方，这些地方的地基不稳定，土壤里还缺乏氧气，盐分更是高得吓人，但红树进化出一套独特的生长方式。在这种恶劣环境下，红树自身可以将多余的盐分排出体外，而其组织细胞中的一种通气组织可以让红树含有更多的氧气，因此，红树才得以生存下去。

海岸卫士

　　红树高2~4米，是一种常绿型小乔木或者灌木，叶子相互交叉对生，呈椭圆形或是长圆形。它们一般都成片成林地生长在河岸、海岸的泥滩上，在海水涨潮时被淹没，退潮后依然坚挺地长在原地。它们巩固着岸边的泥沙，所以被人们称为"海岸卫士"。

鸟类栖息的圣地

　　红树林历来就是鸟类栖息繁育的圣地。因为红树林长在温暖湿润的海滨河滩，那里既有大量昆虫，也有丰富的鱼类。鸟儿们享有丰富的饮食，又可以借繁茂的枝叶躲避炙热的阳光。

你知道吗？

这种树之所以被称为"红树"，并不是因为它的叶子或者树干为红色，而是源于红树体内的单宁遇空气氧化后使枝干木质变成特别深的红色，但它的主干颜色依然为带着棕斑的白色。

大王花

有一些植物它们并不能自己进行光合作用制造养料，或者它们制造的养料非常少，完全不能自给自足。这时候它们就会从其他植物那里吸取养料维持自己的生存，我们称这种植物为"寄生植物"，比如有"世界第一大花"之称的大王花。

大王花长在森林中葡萄科藤本植物上，靠吸取其他植物根部的养料来生存，是一种典型的寄生性植物。整个花就是大王花的全部，它通过散发一股刺鼻的腐臭味道，吸引一些追逐臭味的昆虫来帮助传粉。

大王花生长在热带雨林中，因为生活的环境没有四季之分，所以它们也没有固定的生长时期和花期，但每年的夏季是大王花的生长旺季。刚长出的大王花非常小，只有乒乓球那么大，经过几个月的生长，"乒乓球"就能长得很大了。当它们好不容易开花后，却只能维持4~5天，传粉结束，花朵凋谢，然后过不了多久果实也就成熟了。与花朵的绚丽不同，大王花的果实却是腐烂的，这种反差也算是一种奇观了。

世界花王

大王花有5片花瓣，又大又厚。花冠是鲜红色的，上面还有白色的斑点。一个大王花能重达6~7千克，真是"世界花王"了！

奇怪的大王花

大王花没有叶子，也没有茎和根，所以它们不能进行光合作用来为自己制造养料。但是它们有着世界上最大的花朵，大王花的花朵直径大约有1米。别看大王花个头大，它的种子可是小得出奇呢！人用肉眼几乎看不清。到现在为止，大王花产自马来西亚、印度尼西亚的爪哇、苏门答腊等热带雨林中。

槲寄生

　　槲寄生是一种常绿型桑寄生科小灌木或者小乔木，它们的种子会被鸟类带到或者被风吹到其他树上，然后在其他树身上发芽、生长。槲寄生有自己的叶子，可以进行光合作用制造一些有机营养物，但是必要的水分和一些养料还得从寄主那里吸取，所以槲寄生算是一种半寄生植物。

　　槲寄生是一种传统的中药，对治疗心血管病有很大作用，处理后的槲寄生可以用于治疗冠心病、心绞痛和心律不齐等病症，但一定要在医生的指导下使用，以免方法不当引起中毒。槲寄生开黄色的花儿，冬季里会结出各种颜色的浆果。槲寄生入药可以治疗腰酸腿痛、风湿麻痹，还能降低血压。

儿童植物百科全书

奇异植物

　　槲寄生主要依靠小鸟把种子带到其他地方来进行繁殖。槲寄生的果实成熟后，颜色非常鲜艳，小鸟们看到了就会来取食。而事实上槲寄生的果实不仅非常苦，而且还具有黏性。小鸟们甩不掉，就只能飞到其他树上把它们蹭掉，这样小槲寄生就被带到了其他树上面，开始独立生长。

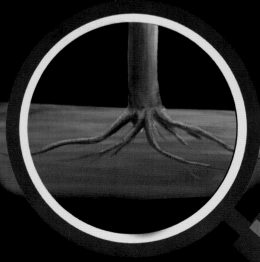

植物界的"寄生虫"

　　槲寄生的根会深入到寄主的枝条里面，直接吸取寄主的水分和养料来供自己使用，但当它们长出叶子后，就会自己进行光合作用，制造一些营养物使用。

槲寄生有很好的象征意义，它代表着爱、宽恕与和平。圣诞节期间，西方人都喜欢在圣诞树或家里的大门上装饰槲寄生，希望在神圣的节日里获得更多的爱。所以，在英国有一句名言："没有槲寄生就没有幸福！"

猪笼草

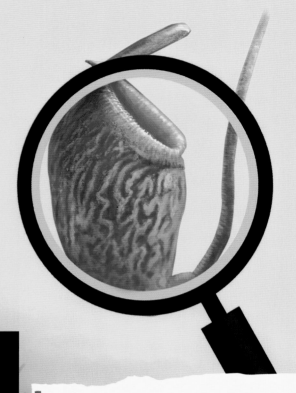

猪笼草是一种以昆虫为食的植物，原产地在非常贫瘠的古大陆热带地区。由于那里没有肥沃的土地供猪笼草生长，所以它们就只能经过慢慢演化，靠捕捉小昆虫来补充营养了。

猪笼草是一个庞大的家族，世界上公认的原生种就有129种之多，被命名的自然杂交种也有20种。

另外，还有6个常见的园艺品种和两个比较著名的变种——海盗猪笼草和飞碟唇猪笼草。

你知道吗？

猪笼草的囊袋在下雨天可以储存雨水，为旱期提供水分。而囊袋内部还会分泌一些消化液，当小昆虫们被猪笼草鲜艳的叶子和甜美汁液所吸引进入囊袋后，猪笼草就会盖上叶子盖，将昆虫困在里面，然后用分泌的消化液将它们马上消化掉，进而吸取营养。

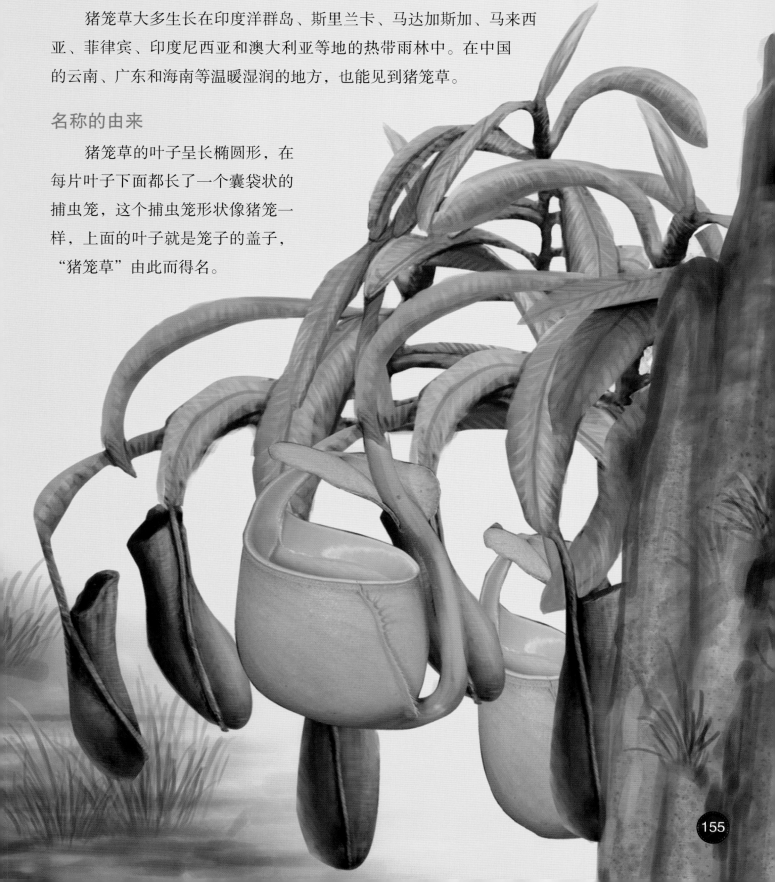

大部分猪笼草都喜欢在阳光充足、温度和湿度都比较高的环境里生长，但也有少部分的猪笼草喜欢生活在阴暗茂密的森林中，比如说苹果猪笼草。猪笼草一般生长在偏酸性的贫瘠土地上，但也有些猪笼草会生长在岩石壁上，或者是附生在其他植物身上，比如无刺猪笼草。

猪笼草大多生长在印度洋群岛、斯里兰卡、马达加斯加、马来西亚、菲律宾、印度尼西亚和澳大利亚等地的热带雨林中。在中国的云南、广东和海南等温暖湿润的地方，也能见到猪笼草。

名称的由来

猪笼草的叶子呈长椭圆形，在每片叶子下面都长了一个囊袋状的捕虫笼，这个捕虫笼形状像猪笼一样，上面的叶子就是笼子的盖子，"猪笼草"由此而得名。

155

捕蝇草是一种纤维管状的食虫植物，它们和猪笼草一样，以小昆虫为食，在植物界中非常特别。捕蝇草有非常完整的植株结构，花、种子、根、茎、叶子一样不少，平时和其他植物没什么区别，可一旦有昆虫停留在它们的叶子上，捕蝇草马上就化身成了"昆虫杀手"。

　　捕蝇草是一种多年生草本植物，但却以昆虫为食。它们茎上的两片普通的叶子，能像贝壳一样开关活动，叶子边缘还长有一圈针状、有规律的刺毛。这样当它们捕捉到昆虫的时候，刺毛就会像门一样交叉起来关闭"贝壳"口。在生长旺盛的夏季，捕蝇草的叶片下部茎非常细薄，向着天空伸展；而其他季节，茎短到几乎没有，还非常肥厚，并且贴在地面上。

你知道吗？

　　捕蝇草比较喜欢在水分充足的环境下生长，而且喜好偏酸性土壤，这是因为捕蝇草原产地土壤贫瘠，没有足够的养分供给它们，后来才慢慢演化出以昆虫为食的特性。

会变色的叶子

　　捕蝇草的叶子非常好看。当它们受到充足光照照射时就会变成淡红色，到了秋季就会变成深红色。再配上边缘的一圈绿色，让人眼前一亮。

维纳斯的捕蝇陷阱

　　捕蝇草原产于北美洲，英文名字叫"Venus Flytrap"，意思是"维纳斯的捕蝇陷阱"。

　　捕蝇草仅存于美国的卡罗莱纳州，那里有大片湿地、沙地和沼泽，最适宜捕蝇草的生长。可是随着人类活动的增加，捕蝇草在卡罗莱纳州的生存受到了威胁，所以人们试着将它引进到其他地区进行繁育，比如加利福尼亚、新泽西和佛罗里达等。

瓶子草

　　瓶子草是一种多年生的食虫草本植物，它们和猪笼草一样，每一片叶子下面都长有一个瓶子状的囊袋，里面也会分泌出消化液，并混合着储存的雨水消化那些掉进去的昆虫，最后吸取养分供自己生长。

　　瓶子草虽然和猪笼草一样有囊袋，但是却不会被错认。原因是猪笼草的囊袋四壁比较肥厚且有肉质，边缘呈现红紫色，而瓶子草的四壁比较单薄，颜色虽然有紫红色的，但黄绿色居多。

　　野生的瓶子草多生长在开阔的沼泽地带，享受着直射的阳光和良好的通风条件。另外还有"鹦鹉瓶子草"，瓶子长得很像鹦鹉头；而"鱼尾瓶子草"末端长有鱼尾状的附属物。

眼镜蛇瓶子草

瓶子草的囊袋形态各式各样，其中有一种非常特别的瓶子草，它的瓶子上方的叶子形状就像眼镜蛇的蛇头，而叶子与囊袋连接的部分又像眼镜蛇伸出来的红信子，所以这种瓶子草就被人们称为"眼镜蛇瓶子草"。

会变形的叶子

瓶子草非常喜欢在温暖、湿度比较高的环境下生活，不过要注意稍微遮蔽以免被阳光直射，还要防止被风吹。冬季，昆虫数量减少，瓶子草也会相应地降低植株的新陈代谢来减缓能量的消耗。这时候，它们会长出不具捕虫功能的剑形叶子，既可以利用叶子进行光合作用，也不会浪费过多的能量去长在冬天没有作用的捕虫叶子。

毛毡草

毛毡草是一种多年生的食虫草本植物，它们没有瓶子草、猪笼草那样的囊袋可以困死昆虫，也没有捕蝇草那样的夹叶可以夹住昆虫，毛毡草依靠自己独特的秘密武器进行捕食。

毛毡草捕虫的过程：

叶子上的黏液黏住停靠在上面的昆虫；叶子卷缩起来包裹住昆虫，分泌更多的黏液消化昆虫；经过一段时间，昆虫被完全消化，叶子上的腺毛将养分吸收掉。

毛毡草的叶子上长满了浓密的腺毛，它们可以卷住昆虫，然后分泌出一种黏液来黏住趴伏在叶子上的昆虫，并进而通过这种黏液分解昆虫，最后吸收养分。毛毡草非常喜欢在阳光充足的湿地上生活，一般在五六月份的时候开花，它们的花朵为黄色，呈疏穗状簇生在花茎顶端。

儿童植物百科全书

奇异植物

蝎子草

蝎子草是一种一年生的荨麻科草本植物，在它们的茎和叶子上长有尖锐的硬毛，就像蝎子尾部的毒刺一般，因此而得名"蝎子草"。

蝎子草是一种重要的药材，主治蛇虫叮咬、跌打肿痛等症状，处理后内服还能起到活血散瘀、治疗喉咙肿痛的作用。

蝎子草喜欢在有强光照射和干燥的环境下生活，土壤排水性能要比较好，因为它们不耐涝，根系很容易被水淹死。但蝎子草却能忍受–20℃的严寒，对于贫瘠干旱的土地也有一定的忍受力。

你知道吗？

蝎子草植株上的尖刺能从基部分泌一种蚁酸，当人或者动物触碰到蝎子草，被其尖刺扎到后，皮肤就会受到强烈的刺激，产生痛痒的感觉。这样，蝎子草就用身上的尖刺保护了自己。

含羞草

含羞草是一种多年生的草本植物，它们的叶子在受到刺激或者是强光照射的时候，就会合拢起来保护自己，就像是一个害羞的小姑娘，所以人们叫它"含羞草"。

含羞草喜欢在温暖湿润的环境中生活，对于土壤没有严格的要求，而对严寒的忍耐力相对较差，喜欢阳光，也能忍耐半阴的环境。它是一种常见的野外植物，但也能在室内种植，含羞草作为一种观赏性的植物，还是很有趣的。

含羞草原产于南美洲的热带地区，如今在全世界的热带地区都有分布。我国南方气候温暖湿润，大量种植了含羞草，就连北方也可以盆栽。每年7~10月，含羞草会开出粉红色花朵。

含羞草可以作为一种药材来使用，主要用于止咳化痰、消炎镇痛等。含羞草属于寒性，体寒的人要慎用，味道有点儿苦，可以在服药后配上蜜饯或者糖压住苦味。

儿童植物百科全书

奇异植物

你知道吗？

含羞草的整个植株都能入药，可以清热利尿、安神止痛、化痰止咳，还能止血、解毒、化瘀。人们常用它来泡酒，治疗失眠和神经衰弱等症状。不过，含羞草有轻微毒性，可千万不能单独食用，必须与其他药物配合才能安全有效！

"地震警报器"

含羞草还有一种奇特功效，就是预测地震。世界各地的地震学家都观察到了这一奇异现象。正常情况下，含羞草的叶子白天张开，晚上闭合，如果在无刺激的情况下出现反常，那就是大震将至的前兆。

害羞的含羞草

含羞草的叶子上长有一些倒钩和小刺毛，它们能在受到外界刺激时灵敏反应，第一时间收拢叶子保护自己。

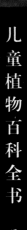

箭毒木

箭毒木是一种四季常青的高大乔木，与其他普通乔木所不同的是，它们的全身都含有一种乳白色的汁液，而这种汁液含有剧毒，所以箭毒木也就成了世界上毒性最大的乔木，有"毒木之王"的盛誉。

箭毒木的叶子呈互生型、不对称的形状，叶子边缘呈不规则的锯齿状，树皮上有泡沫状凸起。不管是箭毒木的叶子还是树皮里面都含有毒汁，遇到时一定要注意保护身体，千万不要碰触，更要小心眼睛不要被毒汁沾染。

　　箭毒木主要分布在赤道附近，我国的云南、广东、广西、海南等地都有箭毒木；邻国越南、老挝、印度、柬埔寨等国也有不少。

毒木之王

　　之所以称箭毒木为毒木之王，是因为它所产生的这种乳白色毒汁可以让人肌肉松弛，血液凝固，最后导致心脏停止跳动，如果溅到眼睛中，还会瞬间失明，真的是一种非常危险的植物。人或动物中毒20分钟后就会毒发，不出2小时就会死亡。

死亡之树带来了新希望！

　　科学家们根据箭毒木毒汁的功能，研究开发了箭毒木在强心、加速心律等方面的药用价值，这样箭毒木就不仅仅是让人望而生畏的死亡之树了，它也能作为一种药材给人以生的希望。

濒临灭绝的箭毒木

　　箭毒木的汁液常用于战争或狩猎。人们将这种汁液掺入其他配料，在文火上熬制成黏稠状的毒液涂于箭头上。在古代，这种方法夺去了不少人的性命。

　　在热带雨林中行走一定要多加小心，很容易碰上箭毒木。不过，箭毒木已经非常稀少，濒临灭绝，被列为国家三级保护植物。

罂　粟

罂粟，一二年生草本。花非常大，颜色也十分艳丽，有红色、紫色和白色等不同品种；种子含有丰富的油脂，食用后对人身体有益；果实被制成让人上瘾的毒品，严重危害身体健康，所以现在世界各地都严令禁止随意种植罂粟。

危险的快乐植物

远古时期的人们在地中海东岸的山中发现了罂粟。因为食用了罂粟花朵后会产生幻觉，人们迷信是神灵降临，就管这种植物叫作"快乐植物"，大诗人荷马称它是"忘忧草"。

罂粟的学名叫"阿芙蓉"，每年3~11月是花果期。

罂粟花朵艳丽多姿，撇开其毒性不谈，也是非常美丽的观赏植物。

科研人员根据罂粟本身的特性研制出了一些镇静剂、麻醉剂等医用品。罂粟本身也是一种药材，能治疗反胃、腹痛、痢疾、脱肛等疾病。

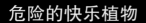

警惕！警惕！

　　罂粟比较喜欢在阳光充足、气候温暖湿润的亚热带地区生长，原产地在地中海一带。后来，人们意识到罂粟是一种灾难，就开始禁止在世界各地随意种植了，但目前仍有一些不法之徒将金三角作为种植罂粟的根据地。

　　罂粟的果实是干果中裂果的一种，被称为"蒴果"，它的果实皮上能产生一种乳白色的汁液，这些汁液含有麻醉成分，晾干后就是制作毒品的原材料。人们吸食这种毒品后会引起中毒，导致全身放松，并产生一些幻觉，长久吸食还会上瘾，过量吸食更会直接致命，所以毒品是人类的公敌，我们要远离毒品！

曼陀罗

曼陀罗是一种一年生的木本或者半木本植物，叶子呈互生状，花朵像个小喇叭，颜色鲜艳漂亮，有红色、白色、紫色等一般品种，也有纯黑色的稀有品种。曼陀罗整株都含有剧毒，不能随便触碰。

夏秋两季正是曼陀罗开花的季节。它们广泛分布在温带到热带地区。它们呈单瓣张开的圆形，被佛教用来象征圆满和完善。

你知道吗？

曼陀罗整株都有毒，人只要碰到就会中毒，特别是曼陀罗的种子，人误食后会立刻中毒。不过，花、叶子和种子经过处理后均能入药，主要治疗气喘、暗疮、风湿、跌打扭伤等疾病。因为曼陀罗花有使人麻痹、引起幻觉等功能，古代名医华佗还发明了以曼陀罗为原材料的麻药——麻沸散。

儿童植物百科全书

奇异植物

曼陀罗的品种

曼陀罗有不同品种，主要分为大花（白花）曼陀罗、紫花曼陀罗和红花曼陀罗。它们不仅颜色不同，形态也各异。

曼陀罗的生长环境

曼陀罗喜欢生长在阳光充足的地方，而温暖通风、排水性能比较好的沙质土壤更有利于它的生长。温带栽培的曼陀罗最高只能长到1米，但在低纬度生长的曼陀罗则能长成2米高的亚灌木，其实在田野间、小路旁也有野生的曼陀罗生长。

曼陀罗的茎粗壮且直立；叶子表面非常光滑，没有疏毛，呈椭圆形卵状；花朵硕大，为单一的颜色，没有斑纹和杂色。

乌 头

　　乌头是一种多年生毛茛科草本植物，它们的块根肥硕，具有肉质，呈纺锤形，主生的母根叫乌头，旁边的侧根叫附子。乌头具有剧毒，只要一点点都可以让人毙命。

乌头喜欢温暖湿润的气候，也能适应其他环境，在海拔2000米的高度上也能种植。但在土层深厚、排水性能良好的沙质土壤上栽种的乌头能生长得更好。

戴着钢盔帽的乌头

乌头根的外表皮呈茶褐色，内部则为乳白色的粉状肉质；茎直立，叶子呈互生状、椭圆形；花开时节，植株茎的顶端叶腋处会开出蓝紫色的花，这些花朵就像一个个圆锥形的钢盔帽子。

你知道吗？

乌头虽然具有剧毒，但同时也是一种药材，它们不仅能有效缓解风湿疼痛、寒病疼痛等症状，还是制作麻醉剂的原材料。

夹竹桃

夹竹桃是一种常绿型大灌木，整株最高可以达到5米，叶子为披针形状，像竹子的叶子，在枝条下部呈对生型生长。夹竹桃在夏季开花，花朵像桃，野生夹竹桃呈自然红色，现在黄色和白色的夹竹桃是长期人工培育的结果。

马路上的"空气净化器"

夹竹桃是一种非常具有观赏性的植物，它们的花在枝条的顶端集中开放，一丛丛聚在一起，就像一把撑开的还飘着淡淡的香味的伞。不仅如此，夹竹桃还对一些有毒气体有很大的抵抗力，所以可以把夹竹桃种在街道旁来吸收汽车排放出的尾气，也可以将它们种在矿坑工厂旁来吸收二硫化碳、氯气等有毒气体。

小心！夹竹桃有毒！

夹竹桃虽然可以作为庭院观赏性花卉，但是它们整株都含有剧毒。人如果不小心喝到夹竹桃叶子浸泡过的水，或者吃到它们的果实和种子，都会产生一些中毒反应，比如头痛、恶心、呕吐、腹痛等，严重的话可能会昏迷、呼吸衰竭而死，所以夹竹桃也是一种危险的草木花卉。

夹竹桃虽然整株具有剧毒，但也是一种强心类的中药，主要功能是强心、利尿和镇静等。不过不管用于哪个方面都要考虑到，夹竹桃本是一种毒性草本，所以一定要谨遵医嘱来使用，使用剂量一定要谨慎。

你知道吗？

夹竹桃每年6~10月开花，12月到来年1月结果。果实成熟后会爆开，释放出大量种子。所以夹竹桃的生命力和繁殖力极强。夹竹桃原产自伊朗、印度，现在全球的热带及亚热带地区都广泛种植。我国从宋代开始引进夹竹桃，至今已在全国各省进行栽培了。

大家看仔细了，这是我的叶子，不是花哦！

一品红

一品红是一种著名的大戟科变色型观叶花木，它们的叶子不全部是绿色的，上层叶子呈火红色、红色、白色等颜色，此外还长有深绿色的老叶，有7~16厘米长。

一品红的地域迁徙

一品红原产于墨西哥塔斯科地区，被当地印第安人当作重要的药物和颜料。直到1825年，美国在墨西哥派驻的首位大使才将一品红引入美国，从此，一品红走向世界。中国的云南和广东、广西也多有栽培。

一品红喜欢在阳光充足、气候湿润的环境下生活，温度最好不要低于10℃，冬季还需要做好保暖工作。一品红对水分极为敏感，不能耐旱。水分充足则能迅速生长，叶子发育良好；水分不充足或者不稳定，它们的叶子就会发黄并且掉落。一品红最适合在微酸性、肥沃、排水性能良好的沙壤土中生长，每天还需要充足的光照，这样花朵的苞叶才能提前变红。

一品红不仅是一种观赏性的花卉，还是一种具有药用价值的中药。

你知道吗？

有时候人们会将一品红火红的叶子误认为花朵，其实它们的花朵开在叶束的中央，而且花朵的苞片非常大，色彩也格外鲜艳，有红色、乳白和粉色等不同的颜色。一品红总在圣诞节前后开花，很适合节日的氛围，所以人们又称它们为"圣诞花"。

珙桐

珙桐是一种高大的落叶乔木，它们是1000万年前的冰川时期遗留下来的子遗植物，是植物界名副其实的活化石。珙桐一般生长在海拔比较高的深山雾林中。现如今珙桐的数量非常少，所以这种植物已经被定为了国家一级保护植物。

珙桐对空气湿度的要求非常大，在空气阴湿的环境下能生长得非常好，最好种植在中性或者偏酸性的腐殖质土壤中，这样它们能发育得更快。珙桐的树皮会脱落，脱落的部分都是不规则的小薄片。但是珙桐不耐旱也不能忍受土地贫瘠，叶子的质地像纸，所以在种植珙桐的时候要格外注意。

鸽子树

珙桐的花朵是紫红色或暗红色的，许多雄花和一两朵两性花簇拥在一起，形状非常特别。它们由两片细长的白色苞片组成，就像一只展翅欲飞的白鸽，而花苞中的黄色花序就像是鸽子的头，于是有人也将珙桐叫作"鸽子树"。

珙桐叶子形态

珙桐的叶子呈阔大的卵形，前端比较尖，基部近似于心形，在树枝上呈互生型簇生。珙桐叶子边缘有小锯齿，有的背面光滑，有的背面则长有小绒毛。

你知道吗？

　　珙桐是中国特有的树种，是国家一级保护植物。随着人类活动范围的扩张，森林被严重砍伐，珙桐的分布范围越来越小。现在只有西南地区可以看到珙桐了。

紫 薇

　　紫薇是一种双子叶落叶小乔木，它们的树皮光滑，最高可以达到7米，树皮很容易脱落；树叶为椭圆形，呈对生生长；花朵在树枝顶部簇生，有红色、粉色、白色、紫色等多种颜色。紫薇是一种花期非常长的观赏性树木，花期6~9月，持续约有百日，所以又被称为"百日红"。

你知道吗？

　　紫薇原产于中国，但西方人最早在印度发现紫薇，所以在法语中，紫薇被称为"印度丁香"。

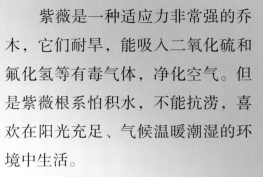

　　紫薇是一种适应力非常强的乔木，它们耐旱，能吸入二氧化硫和氟化氢等有毒气体，净化空气。但是紫薇根系怕积水，不能抗涝，喜欢在阳光充足、气候温暖潮湿的环境中生活。

　　紫薇的观赏期很长。另外，开花前和落叶前，紫薇的叶子都是紫红色的。紫薇不仅是一种有趣的树木，还是一种具有药用价值的药材，它的味道有点儿苦涩，主要功能是活血化瘀、消肿止痛，但一定要在医生的嘱咐下使用。

痒痒树

　　紫薇还被人叫作"痒痒树"，这是因为紫薇有一个奇特的现象：它们长成大树后，树皮会脱落下来，露出里面纤细光滑的树干，只要人们触碰它们的树干，或者有昆虫爬过树干，它们的枝叶就会小幅度颤动，叶子唰唰地响，就像是怕痒在嬉笑一样。

猴面包树

猴面包树的学名叫作"波巴布树"，也叫"猢狲木"。猴面包树属于常绿乔木，它们虽然高约20米左右，但是整个胸径可以达到15米，整个树干就像一个粗壮的瓶子，所以有些地方的人也称猴面包树为"瓶子树"。

猴面包树是地球上十分古老的树种，主要分布在非洲、马达加斯加岛和北美。其中，马达加斯加的猴面包树生长得最好，大片的猴面包树，高大粗壮、形态各异，成为地球上独一无二的景观。猴面包树生长在终年干燥炎热的热带草原上，雨季来临的时候，它们松软的木质就开始吸收大量的水分并储存在自己的树干中，预备以此度过无雨的旱季。在草原上找不到水源的人和动物有时候也会从猴面包树中取水喝。

长在大树上的"面包"

猴面包树的果实为长椭圆形，外形像面包，肉质肥厚，果肉汁水非常多，味道酸甜，是猴子、狒狒们最喜欢吃的食物之一，所以人们也以此给这种树命名。

有一棵极为珍贵的猴面包树在我国海南省安了家。在海口公园里有一棵巨大的猴面包树，它高约20米，树干周长达到50米，必须要20多个人才能合抱过来。这棵"寿星"树已经有5000多岁了，见证了整个人类的成长呢！

你知道吗？

猴面包树储存的水分可以供给旅人饮用，果实可以充饥，叶子、果实和树皮还可以入药，主要功能是养胃，还可以消肿止痛、安神镇定。

神秘果

神秘果是一种常绿灌木或小乔木，它们的原产地在西非热带丛林地区。之所以称它们为"神秘果"，是因为只要吃一点儿神秘果，任何酸味的水果，都会觉得非常甜，这让人们觉得非常神奇，所以神秘果也被称为"天下第一奇果"。

神秘果的植株高3~4.5米，树枝为灰褐色，上面有不规则的白色网状纹路，叶子为长椭圆形、互生型，叶子的正面为青绿色，背面为草绿色，从叶腋中生长出花苞，花朵很小，花谢后结成果实。

神秘果除了调节人的味觉外，还有其他的药用价值。它对高血糖、高血压、高血脂有调节作用，可以治疗痛风、头痛。神秘果的种子可以缓解喉咙肿痛和心绞痛。

神秘果的种植区域

神秘果原产西非至刚果一带，后来人们在印度尼西亚的丛林中也发现了神秘果。我国从60年代起开始引入神秘果。这种植物喜欢高湿、高温的气候，所以只能在海南、福建、广东、广西等热带和亚热带地区种植。

神秘果的果实刚结出来时为绿色，成熟后外皮变为鲜红色，有点儿像小番茄，不过形状为细长的椭圆形。果肉不丰厚，乳白色的汁水很少，吃起来味道有点儿甜。神秘果的种子就包裹在果实内。这种植物的种子个头儿可不小，占了果实的一半呢！

最高大的树

世界上最高大的树是巨杉，它是一种陆生常绿大乔木，叶子呈针形，最高的巨杉可以达到100米，干围可达30米，真的是当之无愧的"世界爷"。

你知道吗？

巨杉是一种典型的向阳型树木，它们喜好温暖的阳光，也能忍受-20℃的低温，在土质肥沃疏松、排水性能强的酸性土壤中可以更好地发育。巨杉的木质非常脆弱，不能用作建筑材料，但是它们的抗腐蚀性非常强，可以用巨杉木来做箱子存放东西。

儿童植物百科全书

奇异植物

　　巨杉的生长速度非常快，树龄也非常长，它们的原木不管是被做成了房子或者砍成了木板，在适合的条件下都可以长出小幼苗。只要小幼苗挺过了小时候的病害高发期，最后都可以快速地发育。

最矮和最高的树

世界上最矮的树是一种叫"矮柳"的植物，它们的整株高不过5厘米，主要生长在高山冻土一带。世界上最高的树是桉树家族中的杏仁桉。它们的高度一般都在100米左右，最高的桉树达到156米，相当于50多层建筑物的高度，因此它被人们称为"树木世界里面的最高塔"。

矮柳既可以像一般柳树那样从主茎抽出枝条，也能开出柳絮那样的花。在高山冻土一带，天气寒冷，含氧量也少，风还吹得肆无忌惮，经过漫长的演化，矮柳适应了当地的环境，发育成现在这样茎匍匐在地生长的形态。还有一种和矮柳高度相仿的植物，就是矮北极桦，它们生长在北极圈附近。据说它们长得比那里的蘑菇还要低矮呢！

杏仁桉的叶子具有一种特殊的香味，人们从它们的叶子中提取出精油，这种杏仁桉精油有消炎止痒的作用，还能用来缓解咽喉肿痛、干痒的症状。

你知道吗？

　　杏仁桉树干笔直，越往上树干越细，中部树干上没有多余的分枝，一直到顶端位置才会长出小细枝和树叶，这样的形态可以让杏仁桉有效避免被风吹乱树枝而牵引到整个植株。

　　杏仁桉主要生长在一些干旱缺水的热带地区，受气候的影响，它们的叶子慢慢演化成侧面朝上的形态，这样就能减少阳光直接照射在叶面上的面积，从而使叶子中的水分蒸发得比较慢。

最长寿和最短命的树

龙血树是一种常绿型单子叶小灌木，整株最高大概为4米，整个叶子呈宽条形，没有叶柄，直接从茎顶端长出，然后垂下来。龙血树生长成熟得非常缓慢，要经过几百年才能长成一棵成熟的植株，然后再过几十年才会开花一次，所以龙血树的寿命非常长，人们甚至发现了一棵足足有8000岁的龙血树。

龙血树一般都是作为观赏性的植株来种植的，有的龙血树叶子上会有乳白色或者是米黄色的条纹，颜色非常鲜艳，形态也优美规整，比较适合用来装饰房间。还有一种非常奇特的现象，龙血树能从茎中分泌出血红色的树脂，就像血液一样，所以人们称它们为"龙血树"。

龙血树是龙舌兰科的重要成员，全世界共有150多种，分布在各地的热带雨林中。我国南方也有5种。

龙血树喜欢生活在高温、高湿度、光照充足的热带环境中，它们非常怕冷，只要温度低于15℃，生长就会变得缓慢，所以在南方种植龙血树的时候也要注意龙血树越冬的保暖工作。

不才树

龙血树一百年才开一次花，花朵都是1~3朵成簇生长，呈白色，香味浓郁。龙血树木质非常疏松，不管是做建筑材料还是当作柴禾都不适合，所以被人们称为"不才树"。

短命菊跟龙血树刚好相反，它们的寿命短得可怜，从发芽到结种子最多只有一个月的时间。因为它们生活在常年缺水的干旱沙漠区域，所以只要有一点儿雨水滋润，短命菊就会抓紧时间来发芽繁殖。短命菊主要分布在非洲的撒哈拉沙漠中，又被称为"齿子草"。

生长最快和
最慢的植物

　　尔威兹加树是世界上生长最慢的植物，人们做了个估算，尔威兹加树大概一百年才能长高30厘米，这个速度跟毛竹比起来真的是天差地别。尔威兹加树主要生活在干旱的沙漠地带。

"多功能"毛竹

　　毛竹没有花粉也没有绒毛，所以很多人喜欢用盆栽毛竹来装点房屋。毛竹具有防止风沙的作用，竹笋可以食用。不仅如此，毛竹经过处理后可以做成活性炭，还能分解出葡萄糖等化合物用于各行各业，所以毛竹有很高的经济价值。

尔威兹加树的树冠是圆形的，花期较长，可以达到100天左右。但开花几乎会耗尽树的全部能量，花谢之后，整个树都呈枯死般的休眠状态。这其实是尔威兹加树积累能量的时间，它在为下一次开花做准备。

　　毛竹大概是生长速度最快的植物了。在它们被种下的前五年，地面上都不会怎么破笋长高，只有根系在向下生长，这段时间它们可以将根系向土地下扎进十多米。到了第六年生长旺季，地面部分就会以每天2米左右的速度向上蹿高，这样的生长期持续半个月左右，最高的毛竹可以达到30米左右。

你知道吗？

　　毛竹比较适合在土层深厚肥沃的酸性土壤中生长，由于根系怕被水淹，种植毛竹的土地排水性能要好。毛竹既不耐寒也不耐旱，所以种植的时候要注意温度和水分。

最长的植物

白藤大概是陆地上最长的植物。经过科学家的测量，最长的白藤大概有200米，可以绕着大树缠成无数的圈。在热带森林中，一不小心就会被白藤绊倒，因此，它又被人们称为"鬼索"。

白藤的枝蔓就像长了眼睛一样，只要附近有大树，就会像个带刺的鞭子随风飘动，直到缠绕到大树身上。当它们将大树紧紧缠住的时候，自身还会不停地生长，一直到树顶没有攀附的支撑时才会慢慢地垂下枝蔓，然后再从下往上缠绕。

白藤不耐寒，喜欢生活在温暖湿润的环境中，最好是在土层深厚疏松、腐殖质丰富的土壤中种植，附近还要有一些高大的树木或者支撑物让它们缠绕生长。

白藤还是一种非常有价值的药材，它的主要功能是发汗、活血，经过处理后能治疗跌打损伤、外伤的出血和闭经，但是老年人和儿童使用时要谨慎，孕妇不能使用这种药材。

戴着花冠的白藤

白藤会开出淡紫色或绿色的小花，形成蝶形花冠，还会长出黄色、带茸毛的豆荚。它们随着白藤一起挂在树枝上，远远看去就像是树在开花结果一样。

你知道吗？

我国的海南省是白藤的主要产区之一。但因为环境恶化，热带雨林的面积锐减，再加上资源的过度开发，野生白藤的数量和品质都在下降。

最硬的树

铁桦树是世界上最坚硬的树，它们的木质硬度比钢材更胜一筹。在许多工业制造行业，人们都将加工处理后的铁桦树作为金属品的代替品，这样一来，不仅可以防锈，还能避免被磁场干扰。

比钢铁还硬的大树

一般的木头会漂浮在水面上，但铁桦树放入水中会沉底。即使把它长时间泡在水中，木头的内部也会保持干燥。这种树木比橡木硬3倍，比一般的钢材硬1倍。如果用石头去砸铁桦树，石头会碎裂开，而树上根本找不到被砸的痕迹。

铁桦树的木材如此特殊，给加工带来了难度，一般的刀斧根本不管用。不过，聪明的工匠还是想出了许多窍门。明朝时，人们曾用铁桦木建造房屋，这些房子经历了多次地震、洪水等自然灾害，至今仍屹立不倒。

铁桦树是一种落叶乔木，树枝从主树干上分叉出去，在树枝上又长有一些更小的分叉，而小小的椭圆形叶子从小树枝的叶腋处发芽生长。它们的树皮上面布满了白色小点，整体呈一种暗红色，树皮颜色更深的位置甚至为黑色，所以铁桦树也被叫作"赛黑桦"。

　　铁桦树的生长需要充足的阳光，但是它们也非常耐寒，而且就算是在贫瘠干旱的土地上也能顽强地生活下来。

最小的有花植物

  无根萍打破了很多世界纪录，其中包括世界上最小的开花植物、世界上花最小的植物和世界上果实最小的植物。它们本身也非常小，整株大概只有1毫米，开的花更是肉眼都难分辨，因为无根萍总是成片生长，所以它们才能被人发现。

  无根萍微小的体态为族群传播提供了优势，它们随着水四处扩散。水鸟、青蛙、鱼类等水族动物和禽鸟身上经常沾着无根萍，将它们带到遥远的地方，所以无根萍简直无处不在。

无根萍富含维生素、蛋白质和矿物质，是食用佳品。在美国，人们用它来煮饭，而泰国人则称它为"水蛋"，意思是它的营养价值就像水中的鸡蛋。

我国也有很多农家在种植无根萍，人们用它来喂养禽畜，既经济实惠，又有利于禽畜的健康繁育和生长。

无根萍因为自身的一些结构已经退化，所以它们的繁殖方式只能是无性繁殖。它们一般都是先从一个植株中长出新的叶状体，然后才形成新的植株。

无根萍的繁殖速度非常快，大概一天半的时间就能长出一个新的植株，所有的植株连成片生长。如果它的生长不受阻碍，4个月就能堆成一个地球大小。

无根萍，顾名思义，就是没有根的浮萍，它们整株没有根茎，只有一个椭圆形的叶子，内部由可以进行光合作用的细胞壁构成。

你知道吗？

世界上的无根萍有11种，最小的一种体长只有0.4毫米，甚至可以穿过针孔。无根萍的叶状体上长有一个凹洞，即"花腔"，里面长有雄蕊和雌蕊，但没有花瓣，因为无根萍实在太小了。无根萍在长出子代叶状体的时候，会同时长出"休眠芽"。休眠芽脱离母体后，先是沉入水底，过一段时间以后再重新浮起，变成普通的叶状体。

观赏植物

自然界中的植物种类繁多，但是有一些植物的花朵或者叶子非常有特点，给人一种别具一格的美感，我们称这些植物为"观赏植物"。有些地方的植物园或者园林会专门培育这些植物作为一道风景，以供人们观赏。

网纹草

网纹草是一种多年生小型观赏性植物，它们的植株很小，最高也才20厘米。不过相对植株而言，它们的叶子比较阔大，呈椭圆形，叶片上有白色或者红色的网状叶脉，这就是人们喜欢观赏它们叶子的原因。

网纹草的叶子呈十字形对生，叶片颜色为深绿色，上面的网状叶脉有翠绿色也有红色，看起来别具一格。人们非常喜欢用网纹草来装点室内。

网纹草非常耐阴，也非常喜欢温暖的阳光，但是要避免阳光的直射。它们的根系不深，所以培植时注意不要浇水过量，当表面的一层土壤干了，浇水湿润一下就可以了。

你知道吗？

网纹草原产于秘鲁，20世纪40年代被人们发现。仅半个多世纪的时间，它就成了风靡全世界的观赏植物。

雁来红

雁来红是一种一年生观赏性草本植物，整株高80~150厘米，主茎直立不弯曲，没有过多的分枝，互生型的叶子是它最具观赏性的地方。

雁来红的原产地在亚热带地区，它们害怕寒冷，但可以忍受土地干旱，喜欢在阳光充足、空气湿润的环境下生长，最好种植在偏碱性的土壤中。雁来红不仅可以当作观赏性的植物，还具有一定的药用价值，主要功能是治疗痢疾和血崩，还有退热等疗效。

雁来红又名"老来少""叶鸡冠""向阳红""象牙红""猩猩红"等。这些别名都与它的颜色和形态有关。雁来红通常在3~5月播种，7~10月间开花。

雁来红的叶子形态有两种，一些为披针形，还有一些为细长的菱形，非常蓬松，常常遮盖住簇生在叶腋上的小小的花朵。

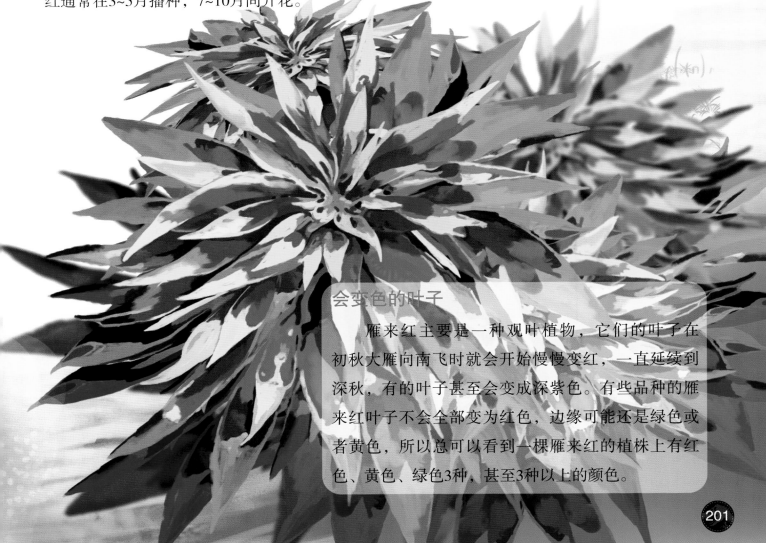

会变色的叶子

雁来红主要是一种观叶植物，它们的叶子在初秋大雁向南飞时就会开始慢慢变红，一直延续到深秋，有的叶子甚至会变成深紫色。有些品种的雁来红叶子不会全部变为红色，边缘可能还是绿色或者黄色，所以总可以看到一棵雁来红的植株上有红色、黄色、绿色3种，甚至3种以上的颜色。

变叶木

　　变叶木也叫"变色月桂"，是一种大戟科常绿型灌木或者小乔木，它们的叶子颜色丰富，有单色也有红色、黄色、紫色、褐色等各种混合色，甚至一片叶子上就有好几种颜色，是一种令人赏心悦目的观叶植物。

　　人们最早在太平洋中的岛屿和马来半岛、印度、斯里兰卡、印度尼西亚等地发现了变叶木。现在它已经遍布全世界的热带和亚热带地区。1804年，变叶木被引种到英国，从此开始了人工栽培的历史。到20世纪初期，变叶木已经传遍了欧美各地，随后又被引入大洋洲和非洲等地。20世纪初，日本引进了变叶木，我国的广东、福建等地也有栽培。

　　变叶木茎叶中的乳汁有毒，人不小心误食后会引起腹痛、腹泻等中毒症状，不过经过处理后变叶木可以入药，主要功能是清肺止热、消肿散瘀，还可以治疗毒蛇咬伤。

　　变叶木属热带植物，喜阳光充足，不耐阴。生长适温20~35℃，冬季不得低于15℃。若温度降至10℃以下，叶片会脱落。

形态多变的叶子

　　变叶木的叶子非常多变，有互生型叶子，也有扭曲到一起的叶子，甚至还有呈螺旋状的叶子，而且叶子不仅有长椭圆形，还有细长线形、披针形、卵形等，因此人们就以它们各种不同形色的叶子来给它命名。

变叶木的培植

变叶木非常怕旱，喜欢在潮湿的环境下生活。保持茎叶的充足水分能让它们快速地生长，不过冬季最好保持土壤的干燥，这样就可以避免变叶木的叶子凋零。

203

龟背竹

龟背竹是一种多年生观叶性常绿植物，它们的茎不仅非常粗壮而且很长，叶片上有镂空的孔洞，形态像乌龟背壳，因此而得名"龟背竹"。

儿童植物百科全书

观赏植物

龟背竹原产地在热带雨林一带，它们喜欢温暖湿润的环境，但是阳光最好不要直射，而且它们不能忍受寒冷，所以在北方培植龟背竹一定要做好越冬保暖措施。

"电线草"

龟背竹的茎干上长有褐色的气根，就像电线一样，所以它又被叫作"电线草"。龟背竹的叶片很厚实，呈革质互生型，刚长出的幼叶像个心脏，没有镂空的孔洞。长大后叶片形状就会慢慢变成椭圆卵形，而且上面还会有羽毛状的裂痕，整个叶片阔大奇特，具有非常高的观赏性。

龟背竹的花与果

龟背竹的花差不多有巴掌那么大，形态像个船底，非常奇特。花谢后能结出果实，它们的果实为浆果，成熟后可以用来做菜食用，味道有点儿甜，但是未成熟的龟背竹果实具有非常强烈的刺激性，不能食用。

你知道吗？

龟背竹原产于墨西哥，我国在20世纪80年代从美国引进了大量龟背竹，开始进行盆栽。现在无论是宾馆餐厅，还是普通人家，龟背竹都成了十分常见的陈设。

芦荟

芦荟属于百合科，是一种多年生草本植物，花和叶子都极具观赏性。它们的叶子肥厚，具有肉质，而叶表为革质，边缘有细小的锯齿。芦荟的品种有300多种，各个品种的性质和形态都有较大的差别，有的高达20米，有的却不足10厘米。

芦荟原产地在热带地区，所以比较畏寒，不过芦荟的适应性非常强，比较好养活。芦荟最好种植在土质疏松、排水性能良好的土壤中，千万不要浇水过多，不然芦荟的根系会被淹死，而且不要让它们被阳光直射，每天只要见见阳光就好。芦荟不仅可以作为观赏性植物，还能作为中药食用，它们本身性寒，主要功能是清热消火，还可以治疗内火导致的便秘和一些皮肤病。

芦荟的花

芦荟的花期大多为秋冬两季，花朵为伞状，每朵花有6片花瓣，所有花朵簇生成一个桶状，花朵颜色为红色或者橙黄色，美丽而优雅。

你知道吗？

芦荟原产于地中海和非洲地区。它虽然可以食用，但如果食用超过9克就会出现中毒现象。

吊 兰

吊兰是一种百合科多年生常绿型观叶植物，它们的叶子像兰花一样柔软，从叶腋中簇生的叶片舒展着向下垂，散开的形态像朵花，具有很高的观赏性。

吊兰比较耐旱，不过不怎么耐寒，它们喜欢在阳光充足、湿润阴凉的环境下生长，对土壤的条件要求比较苛刻，在土质疏松、排水性能良好的沙质土壤中能更好地生长。

吊兰一般被人们盆栽在家中，这其中最重要的一点原因就是吊兰具有很强的吸收毒气的功能，所以在家中养一盆吊兰不仅可以装点房屋、美化环境，也可以净化空气，对人们的身体大有益处。

吊兰不仅可以净化空气，而且整个植株本身也是一种药材，主要功能是止咳、止血、清除肺热等。

植物界的"舞者"

吊兰的叶脉中会抽出葶子来。这些花葶越长越长，关节处又会长出新的叶子，它们自然下垂，随风摇摆，非常好看。

虎耳草

虎耳草是一种多年生具有观赏性的常绿草本植物，它们枝蔓细长，匍匐在地上生长，也可以攀附在其他植物上生长。虎耳草的叶柄很长但叶子很小，就像老虎的耳朵一样，所以人们称它们为"虎耳草"。

你知道吗？

虎耳草花果期4~11月。我国是虎耳草的主要原产地，它们分布在海拔400~4500米之间的广阔地带。

儿童植物百科全书

观赏植物

虎耳草是一种适应能力非常强的植物，它们一般都生长在贫瘠的石岩下面，那里虽然阴暗潮湿，但虎耳草照样能蓬勃地生长。

虎耳草还是一种中药，它们的主要功能是清热解毒、治疗外伤出血等，经过处理后的虎耳草还是治疗中耳炎的良药。

虎耳草的观赏点

虎耳草的叶片阔大，形状就像一颗颗小心脏，叶片表面为深绿色，上面有白色的叶脉纹路，而叶片的背面和叶柄则为紫红色。在初夏时节，虎耳草就会开出小花，花序呈圆锥状，花瓣有五片，颜色有白色和粉红色等。小巧的形态和独特的叶片，让虎耳草成了深受人们喜爱的观叶植物。

大叶黄杨

大叶黄杨是一种双子叶卫矛科常绿型灌木或者小乔木。它们的枝叶非常茂盛，叶子为对生型，呈椭圆的卵形，叶边缘有细小锯齿，叶片上有金黄色的斑块，非常具有观赏性。

大叶黄杨是我国普遍栽培的一种树种，它们喜欢阳光，在温暖湿润的环境下生长得很快，但还比较耐阴，并且有一定的抗寒能力。9~10月，大叶黄杨的果实就成熟了，其蒴果近似球形，直径在1厘米左右。

大叶黄杨的品种

大叶黄杨有很多不同的品种，比如有叶子边缘为白色的大叶黄杨，有边缘为金黄色的大叶黄杨，也有叶面长有黄斑的大叶黄杨，不同颜色使大叶黄杨具有了更强的观赏性。

大叶黄杨的药用价值

大叶黄杨还是一种中药，它们的主要功能是活血止血、强健筋骨，治疗风湿疼痛和跌打损伤等。

九重葛

　　九重葛是一种紫茉莉科常绿型攀附性灌木，它们生命力旺盛，枝叶蓬松，叶子形状就像一个偏三角形的心脏，所以人们也将九重葛叫作"三角梅""三叶梅"。九重葛的叶片很大、很厚，深绿色，无光泽，呈卵圆形，芽心和幼叶呈深红色；枝条硬、直立，茎刺小；花苞片为大红色，颜色亮丽。

　　九重葛的枝干上有小刺，叶子为互生型，花朵在茎的顶端生长。九重葛的花朵很小，为黄绿色，不引人注目，外围还被大大的苞片所包裹，所以人们经常误将苞片当作九重葛的花朵。九重葛苞片的颜色有鲜红色、紫红色、橙黄色、乳白色等。

看仔细喽，这只是我的苞片！

九重葛的生长环境

　　九重葛喜欢在温暖湿润的环境下生活，在阳光充足的地域能更快速地生长，它们不耐寒，只要温度低于15℃就不能开花。不过，九重葛耐旱、耐贫瘠，对土壤要求不是很严格，只要在疏松、排水性能良好的黏重土壤中都能发育得很好。

你知道吗？

九重葛原产自南美洲的巴西等地，我国从20世纪50年代开始进行繁育，海南、广西等省区都有大量种植。

九重葛是一种中药，将它们的叶子捣烂后，敷在扭伤、骨折的患处，可以缓解疼痛，消肿散瘀。

朱　蕉

朱蕉又名"红竹"，是一种龙舌兰科观叶性植物。它们的茎非常挺拔，高度为1~3米，一般没有分枝。朱蕉叶子的颜色绚丽多变，非常美丽，叶子呈披针形在顶端丛生，整个形态就像一把伞。朱蕉与龙血树在叶形、叶色和株型上都很相似，只有根汁颜色不同，朱蕉为白色，龙血树为黄色。

朱蕉的原产地在热带雨林，它们喜欢高温湿润的气候，不能被太阳直接暴晒，但在荫蔽处植株叶子又容易发黄枯萎，所以朱蕉比较适合在半阴的环境下生活，而且朱蕉最好在偏酸性、腐殖质丰富的土壤中培植，千万不能种在碱性土壤中。

朱蕉对气温的适应力比较强，夏季最高不超过30℃，冬季最低不低于4℃，朱蕉就能正常生长。不过它们对水分却十分敏感，水分不足或过剩，叶子就会枯黄脱落，空气湿度在50%~60%为最佳。

朱蕉有很多品种，如亮叶朱蕉、锦朱蕉、斜纹朱蕉、夏威夷小朱蕉、五彩朱蕉、卡莱普索皇后、夏威夷之旗、彩虹朱蕉、红边朱蕉、三色朱蕉、红心朱蕉、黑叶朱蕉等。

朱蕉的美丽叶子

朱蕉的叶子先从顶端丛生然后披散开，叶上有紫红色或者橙黄色的条纹，看起来炫目多彩，姿态婆娑，非常美丽，是一种具有较高观赏性的观叶植物。

你知道吗？

朱蕉又叫"千年木""红竹"，是最常见的室内观赏植物。朱蕉的大部分品种原产于亚洲的热带地区和太平洋诸岛，19世纪被引进到欧洲，随后又进入美洲大陆。到20世纪初期，它们已经遍及欧美。朱蕉的价值不仅仅在于观赏，它的叶子和根有很大的药用价值，经过处理后，它们能止血、止咳、消肿散瘀，还可以用来治疗跌打肿痛和胃痛等病症。

吊金钱

　　吊金钱，别名"心心相印""爱之蔓"，是一种多年生蔓藤型草本植物。它们有柔软的茎，能像蔓藤一样垂吊着，叶子形状小巧，远看就像一枚枚小钱币，因此得名"吊金钱"。

　　吊金钱的叶子呈心形，非常有肉质，叶子表面为暗绿色，背面则为亮绿色，叶片上还有白色的条纹。花朵总是两朵一起连着生于同一个花柄上，颜色有粉红色、粉紫色等，具有非常高的观赏性。

　　吊金钱冬季开花，比较耐旱，如果浇水太多，很容易造成根部腐烂。吊金钱的生长需要比较温暖的环境，冬季气温如果低于8℃，就会掉叶枯萎。温度过高同样会影响吊金钱的生长。夏季气温达到32℃以上时，吊金钱就会停止生长。

　　吊金钱的茎蔓自然下垂，可以达到150厘米。将它放置在高处，立于门边、窗侧，茎蔓随风扶摇，十分优雅美观。

吊金钱的生长条件

　　吊金钱喜欢温暖湿润的气候，可以忍受荫蔽一点儿的环境。冬天一定要让吊金钱接受充足的阳光照射，而其他季节让它们接受自然散光就可以。种植在土质疏松、排水性能良好的土壤中它们会生长得更好。

吊金钱的培植方法

　　将吊金钱的茎蔓剪下后插入土中，就可以长出一棵新的植株。而将吊金钱的根切块，然后将块根埋入土中，同样可以培植出一棵新的吊金钱。看来，吊金钱的繁殖能力可真是够厉害的！

鹅掌藤

鹅掌藤是一种常绿型半蔓性灌木，它们枝条柔软，最高的植株可以达到5米。它们的叶子呈互生型，形状像鹅掌，触感为革质，上面还有一些黄色斑纹，具有很高的观叶价值。

鹅掌藤是一种生命力顽强的植物，它们可以忍受狂风，也可以耐旱耐阴，但在阳光充足的环境下可以生长得更快、更好。鹅掌藤还非常能适应极度缺水和水分充足这两种状态，就算几天不浇水，只要某一天浇足够的水，它们也能马上恢复活力。

鹅掌藤原产于热带、亚热带地区。印度、澳大利亚以及我国的广东、广西、海南等地，都是鹅掌藤的主要自然产区。

鹅掌藤是一种常用的药材，它们的主要功能是祛风止痛、活络筋骨等，外用可以治疗跌打损伤和关节疼痛等症状，处理后内服还可以治疗痢疾、感冒风热等病症。

你知道吗？

鹅掌藤的正常生长，需要将空气湿度控制在70%~80%之间。如果湿度低了，叶子就会枯黄脱落或失去光泽。

鹅掌藤的形态特征与名称由来

　　鹅掌藤的花朵很小，有绿白色也有黄褐色，秋季开花。果实随后成熟，果实为球形浆果，颜色为橙黄色。它们的茎上还可以长出气生根，就像藤一样攀附在岩石或者其他植株上，又因为叶子的形状很像鹅掌，所以人们称它们为"鹅掌藤"。

玉 兰

　　玉兰是一种木兰科落叶小乔木，它们的叶子在花开之后才会发芽生长，叶子呈倒卵形，整个树冠也呈一种卵形。开的花朵叫作"玉兰花"，它们的花又大又白，是早春时节一种重要的观赏性树木。

　　玉兰每年的三四月份开花，花期在10天左右。

　　它们的花朵硕大饱满，开放于枝条的顶端，颜色大多为纯白色透着一点儿粉，但也有紫红色等其他品种。

　　玉兰不仅是一种名贵的观赏性植物，也是一种具有药用价值的植物，主要功能有散寒通窍、润肺通鼻，也可以治疗鼻塞、鼻窦炎、血瘀、痛经等病症。玉兰对有害气体有较强的抵抗力，还能一定程度上净化空气。

玉兰的栽培史

　　玉兰源起于中国，已经有2500年左右的栽培史，是北方早春季节的重要观赏植物。现在玉兰已经遍及全世界，共有120多种。在原产地黄河、长江流域还有野生玉兰，其他地方多为人工栽培。

你知道吗？

　　玉兰喜欢在充足的阳光下生长，也能忍受较低的温度，比较喜欢干燥的土壤，在湿冷的土壤中容易烂根。栽培玉兰时，最好将它们种植在排水性能良好、微酸性、肥沃的土壤中，这能让它们生长得更快。

三色堇

三色堇是一种堇菜科草本植物，它们一定要露天种植，如果得不到充足的阳光，三色堇就会生长迟缓、无法开花甚至死亡。三色堇整株很小巧，最高也才40厘米，不过它们的分枝非常多，整株看起来非常茂盛。叶柄长在枝干上，叶子呈互生型，生长于叶柄上，叶子边缘有一些小锯齿，整个叶片呈心形。

三色堇又名"蝴蝶花""三色紫罗兰"，是欧洲最常见的野花品种之一。三色堇在每年的4~7月开花，随后便可结果，成活率很高。

观赏植物

三色堇叶片呈心形，很有观赏性。另外三色堇整株都可以入药，是一种传统的药材，外用可以消肿祛疤、治疗粉刺痤疮等皮肤病，内服可以治疗咳嗽。

三色堇的名称由来

三色堇是一种观赏性花卉，它们的花朵非常有特点，每一朵花上面都有3种不同的颜色，也因此得名"三色堇"。

你知道吗?

三色堇是冰岛和波兰的国花。三色堇喜欢生活在凉爽的环境中，它们可以忍受严寒，但需要充足的光照才能正常地生长和开花。培植三色堇时，最好使用排水性能良好的肥沃的中性土壤，在这样的环境中，三色堇才会健康生长。

凤仙花

　　凤仙花是一种一年生的草本植物，整株直立，茎有肉质，所以非常粗壮，枝条从基部分叉，叶子为互生型，呈披针形状，花朵有粉红色、大红色、白色、紫色、黄色等。由于经常产生变异，所以凤仙花有各种不同颜色的花朵。

　　凤仙花结出的蒴果是纺锤形的，上面有白色的茸毛。果实成熟后会爆裂，将里面的种子弹出来，这时我们就能看见球形的黑色种子。

凤仙花的主要产地在中国、印度和马来西亚，花期一般集中在6~8月。凤仙花喜欢在温暖干燥的环境中生活，比较耐热、耐旱、耐贫瘠，但是不能忍受湿冷。凤仙花最好种植在土质疏松、排水性能良好的偏酸性土壤中。

天然"指甲油"

凤仙花的花朵中有一种天然的红棕色素，经常被人们当作染料来使用。很久之前，中国、埃及、中东等地区的妇女们就开始用凤仙花来染指甲，所以凤仙花也被叫作"指甲花"，是一种天然的"指甲油"。

据古书上记载，凤仙花有200多种，但现在大多数品种已经失传。凤仙花有抗菌作用，用它来染指甲不仅艳丽美观，且能治疗灰指甲、甲沟炎等真菌引起的疾病。

野外救命药草

凤仙花整株都可以入药，不过不同部分的功能不同：种子可以用来治疗一些妇科病；花朵捣碎后外敷可以用来治疗关节肿痛和蛇虫叮咬等；而整株的主要功能是活血、止痛、消肿，是野外求生的救命药草。

鹤望兰

　　鹤望兰是旅人蕉科多年生的观赏性草本植物，最高的植株可以达到2米，鹤望兰根部粗壮且有肉质，茎不明显，叶子呈阔大的长椭圆形，花朵则像个起舞的仙鹤，因此得名"鹤望兰"。

美丽的天堂鸟

　　鹤望兰的花朵是世界五大名花之一，它们形态独特，花蕊为蓝紫色，花瓣则有橘红色、黄色等颜色，在绿叶和花梗的衬托下，整朵花显得更加婀娜可爱。有一种鹤望兰花朵的颜色和天堂鸟的羽毛颜色相似，所以又被叫作"天堂鸟"。鹤望兰的花朵有6块萼片，3块是鲜亮的橙色，3块是优雅的紫蓝色。

你知道吗？

　　鹤望兰的原产地在非洲南部的热带丛林中，它们喜欢生活在温暖湿润的环境下，非常害怕寒冷，生长过程中需要大量的光照才能正常发育，但要注意避免被强光直接照射。

石 竹

石竹是一种石竹科多年生的观赏性草本花卉，它们整株直立，高30~50厘米，根茎粗壮，叶子从茎上对生，为细长的披针叶，花朵在植株的顶端开放，颜色有粉红色、大红色、紫色和白色等。

石竹比较耐寒，不能忍受高温高热，喜欢在干燥通风的凉爽环境下生长，在疏松、排水性能良好的沙质土壤中种植比较好。种植期间要避免它们的根系受到水涝，这样它们才能更加健康地成长。石竹还是一种喜好肥料的植物，所以可以适当施肥。

石竹入药后，主要功能是利尿通经，也可以治疗膀胱炎等疾病。

石竹花花香淡雅，花朵从茎的顶端簇生，大多花瓣为5瓣，也有重瓣的石竹花。花瓣的尖端有点儿小锯齿，靠近花蕊部分的基部花瓣有一些环形纹路。总而言之，石竹是一种非常美丽的花卉。

你知道吗？

石竹的花期在5~9月，结果期是8~10月。它们生长在路边和田间，分布于从河北到江苏的广大温带地区。

广玉兰

广玉兰是一种常绿型的大乔木，它们在原产地可以达到30米，树皮为浅褐色或者灰色，表皮呈裂开的薄鳞片形状。它们和玉兰名字虽然很像，但不是同一种类的植物，广玉兰先长叶子再开花，而玉兰却恰恰相反。

广玉兰不仅仅是一种观赏性树木，它们还能抗风、抗灰尘、吸收二氧化硫等有毒性气体，所以经常被种植在街道、矿场、工厂旁来净化空气。广玉兰最喜欢在温暖湿润的环境中生活，种植在干燥疏松的微酸性土壤中会让它们生长得更健康。广玉兰全身都是宝，它们的花蕾和树皮都可以入药，主要功能是散寒止痛，可以治疗感冒、鼻塞、头痛等症状。

广玉兰在南京、上海、杭州等长江流域的城市里十分常见，很多广玉兰的树龄都在100年以上。移植广玉兰最好是在春天的梅雨季节，这时候空气湿度大，气温又较低，树体的新陈代谢也慢，广玉兰的成活率比较高。

广玉兰的叶子十分有特点。它的正面光滑油亮，背面却长着铁锈色的茸毛。

玉兰的花瓣凋谢后，花蕊就会成长为圆茎，大约两寸长。圆茎周围结出紫红色的小颗粒，像珍珠一样，这些就是玉兰的种子。

广玉兰的叶子又大又厚实，呈长椭圆形，触感为革质，花朵从那层层叠叠的大叶子中开放出来，整个花朵像一个小杯子，花瓣为白色，簇拥着淡黄色的花蕊，气味芳香，是一种美丽的观赏性树木。

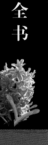
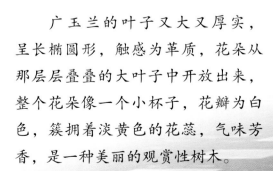

广玉兰的小故事

清朝末年，美国特使带着108棵广玉兰树来到中国，在李鸿章的提议下，慈禧太后将这些树赐予了淮军。从此，广玉兰树就在长江中下游地区生了根。

你知道吗？

广玉兰原产于美洲，又名"洋玉兰""荷花玉兰"，主要分布在北美和中国的长江流域及以南地区，北京和兰州等地也因为观赏需要而进行了引种。我国的合肥、常州、镇江、南通、连云港、余姚、荆州等城市都将广玉兰定为市树。

波斯菊

　　波斯菊是一种一年生菊科观花性草本植物，它们主茎直立，分枝很多，整株看起来非常茂盛。叶子为对生型，长度大约为10厘米，花径最大可达8厘米，具有非常高的观赏性。

　　波斯菊原产于墨西哥酷热干燥的地区，哥伦布发现新大陆后波斯菊被引入欧洲地区，受到了欧洲少女们的喜爱。波斯菊最好种植在干燥、排水性能良好的沙质土壤中，同时还要注意不要让它们被大风直吹，只有这样波斯菊才能健康成长。

热情之花——波斯菊

波斯菊也被叫作"八瓣梅"，原因是它们的花瓣有8瓣。现在有些变异品种的花瓣比较大，所以会重叠在一起，比如说大波斯菊、紫红花波斯菊等。

波斯菊的花盘比较大，生长在细长的花梗顶端。花瓣呈舌头状，分布在花盘边缘，花瓣颜色有白色、粉色、深红色等，有的品种的波斯菊花瓣顶端还有细小的锯齿。

波斯菊不同的播种期

北方地区通常在4~6月播种，播种后两个多月就可以开花。炎热的夏季，花朵开放的数量会减少，待到秋季天气转凉，波斯菊又会大量开放，直到霜降才凋零。

中南部地区4月份就要播种，播种后7天左右种子就会发芽。

按时春播的波斯菊花苗往往枝叶茂盛。如果播种时间晚了，赶上天气转热，植株就会矮小。高温下开出的波斯菊花朵不会结子。

秋海棠

　　秋海棠是一种多年生常绿型的观赏性草本花卉，它们的茎为绿色，其变种大致可分为3类：须根类、根茎类和块茎类。叶子在枝干上互生，花朵颜色多变，是著名的观赏花卉。

　　秋海棠总是在秋天即农历八月开花，所以古称"八月春"，又名"相思草"。秋海棠的叶子形状和花的颜色会根据品种的不同而发生变化，互生的叶子形状并不对称。

儿童植物百科全书

观赏植物

秋海棠不仅是美观艳丽的观赏植物，还是一种实用的药材。它们的主要功能是止血散瘀，治疗痛经等妇科病，也可以治疗跌打损伤。不过，秋海棠本身具有毒性，可能会引起皮肤瘙痒、拉肚子等症状，所以秋海棠要在医生的指导下使用。

秋海棠的种类已经超过了上千种，其中有许多原产于南美地区，比如巴西等国。中国也是秋海棠的故乡，河北、河南、山东、辽宁、江苏、四川和云南等省份都是秋海棠的主要产地。

你知道吗？

秋海棠喜欢在温暖湿润的环境中生长，不耐寒也不耐旱，最好种植在土质疏松、排水性能良好的土壤中，不然它们的根系很容易因积水而腐烂。秋海棠的生存环境一定要保证空气湿度，如果空气干燥，秋海棠就会落花。

蜀　葵

　　蜀葵是锦葵科多年生的草本植物，它们的茎直立，叶子在茎上呈互生型，花苞从叶片的叶腋处生长，苞叶上有小绒毛，花朵有红色、白色、粉红色、紫色等。

　　蜀葵喜欢温暖的阳光，但也非常耐寒，可以在半阴的环境下生活，在碱性土壤中也能正常生长，而在疏松肥沃、排水性能良好的沙质土壤中，它们能更健康地生长。凭借硕大漂亮的花朵，蜀葵成了一种有名的观赏性花卉，同时它们还是一种可以整株入药的植物，主要功能是清热解毒、止咳利尿等。其中，花、叶子处理后内服可以解河豚的毒、治疗痢疾等，捣烂后外敷可以治疗痤疮、烫伤等。

美丽的"一丈红"

　　整株蜀葵高可达1丈，叶子呈心脏形状或长圆形，边缘有不规则的钝锯齿，叶柄长5~15厘米。花径最大可达12厘米，花瓣通常为5瓣，甚至更多，重重叠叠非常美丽，花色以红色为主，所以它又被人们称为"一丈红"。

鸡冠花

鸡冠花是苋科一年生草本观赏性花卉，它们的茎直立粗壮，叶子在茎上互生，为长卵形或卵状披针叶，因花朵像鸡冠而得名"鸡冠花"。

鸡冠花在我国的分布十分广泛，花型主要分为球状、羽状和帽状。每年四五月份，气温达到20~25℃的时候，正是鸡冠花栽种的好时节。栽种后6~8天，鸡冠花就会发芽。

鸡冠花对氯化氢、二氧化硫等有害物质有较强的抵抗力，适合栽种于有污染的厂矿地区。

鸡冠花不仅花朵具有很高的观赏性，它们还能当作药材入药，主要功能为凉血止血、清热解毒等，还可以治疗咳血、痢疾等内科病症。

儿童植物百科全书

观赏植物

鸡冠花的特点

鸡冠花的茎为红色或青白色，花朵在茎的顶端聚生且有肉质。穗状花序整体呈扁平形状，摸起来非常蓬松，颜色可分为红色、紫色、粉红色或者是黄色。鸡冠花的花朵不仅颜色和公鸡头冠很像，就连形状也是极为相像。

你知道吗？

鸡冠花原产于印度和非洲一带，它们喜欢在阳光充足、湿润温暖的环境下生活，不能忍受寒冷。所以最好在土质疏松肥沃、排水性能良好的土壤中种植，这样，鸡冠花才能更健康地生长。

栀 子

　　栀子是茜草科中的一种常绿型灌木，它们枝叶繁茂，伴有淡淡幽香的纯白色花朵在枝头单生，是一种具有很强观赏性的植物，多被种于街道旁美化环境。栀子原产于中国，全国大部分地区都有栽培。

　　栀子喜欢在温暖湿润的环境里生长，最好阳光充足并且通风良好，不过不要让它们被阳光直射暴晒，这样会使叶子枯萎甚至导致植株死亡。栀子可以适应半阴的环境，在疏松肥沃的微酸性黏性土壤中会生长得更健康。

　　栀子的叶子为长椭圆形，短短的叶柄和枝条连接，叶表为翠绿色革质，摸起来很光滑。黄栀子的花朵为6瓣，大栀子花为重瓣，它们都被叶片簇拥着开放。

你知道吗？

　　栀子的果实入药，性寒，有清热凉血的功能，所以人们经常将它们作为清肺热降肝火、治疗感冒高热的药材使用，用栀子花泡的茶还具有降血压的作用。

栀子对温度的要求

栀子的花期很长，从五六月份开花直到8月才凋谢。10月一到，栀子就会结出果实。空气湿度低于70%的时候，栀子的生长就会受影响。冬季气温低于-10℃时，植株就会被冻伤。盆栽栀子一定要保证盆土酸性，保持60%的阳光照射度，最好在春季栽种。

牵牛花

牵牛花是一种一年生蔓性缠绕的草本花卉，属于旋花科下的牵牛属。牵牛花的花朵形状酷似喇叭，所以也被叫作"喇叭花"，花色有红色、紫色、浅蓝色、浅红色等。它是一种很勤劳的花，早上4点左右就开花，下午凋谢，花期长达6~10个月。

顽强的小野花

牵牛花的生命力非常顽强，是一种常见的野花。它们能适应各种属性的土壤，喜欢在阳光充足、气候温暖湿润的环境下生长，根系比较深，种植在深厚的土壤中会更健康地成长。

儿童植物百科全书

观赏植物

牵牛花基部的叶子阔大，呈心脏形，叶子最长可以达到14厘米，上部的叶子呈长椭圆形；花苞从叶腋中长出，花朵单生或者是两朵一起从花梗顶端开放。牵牛花的种子有黑色和米黄色两种。它们入药后分别被称为"黑丑"和"白丑"。通常，黑丑、白丑是混合使用的。

你知道吗？

牵牛花花朵独特，具有很高的观赏性，同时它们整株还能入药，主要功能是通便顺气，可以用来治疗腹中积水或者是肚中有蛔虫、绦虫等虫积腹痛病症。

倒挂金钟

　　倒挂金钟是一种常绿型观赏性草本花卉，它们枝繁叶茂，花朵就像一个个小灯笼倒挂在枝条上，形成了一处处独特的景观，故又名"灯笼花"。

　　倒挂金钟喜欢在凉爽湿润的环境里生活，不能忍受高温及阳光的暴晒，最好将它们种植在腐殖质丰富、排水性能良好的沙质土壤中，这样它们才能更健康地生长。

　　倒挂金钟不仅是一种观赏性花卉，它们还是一种具有药用价值的植物，主要功能是活血散瘀，治疗月经不调等妇科病，外用时还能治疗皮肤瘙痒、痤疮等皮肤病。

倒挂金钟的花枝特点

　　倒挂金钟的上端枝条比较柔软，像柳条一样向下垂，而基端的茎明显木质化，质地比较脆；花朵单生于枝条的顶端，像一口口钟一样开口朝下，花瓣质地比较厚实，花期过后结浆果。

你知道吗?

　　倒挂金钟每年3~5月开花，花谢两个月后结果。它们结出椭圆形的蒴果，十分光滑。

风信子

风信子是一种多年生观赏性草本花卉，它们茎直立，叶子狭长，花朵簇生于柱状花序上，花朵颜色有蓝色、紫色、红色、黄色、白色等。

风信子的传播历史

风信子原产于亚洲中部和西南部，16世纪才传入欧洲。19世纪末，中国引进了风信子，在沿海地区种植，但范围并不广泛。20世纪50年代后，各地植物园开始栽培风信子，直到20世纪80年代，它们才遍及全国。

风信子的花语与习性

风信子的花语是"重生的爱"，其实这也是对它们习性的一种表述。原来，风信子在头年开花后，第二年花芽就会因为养料不足而不再开花，或者花芽足够强壮再次开出花，但花朵很小。如果想要风信子在花期过后再正常开花，就要把原来垂败的花朵剪掉，忘记过去，重新开始。

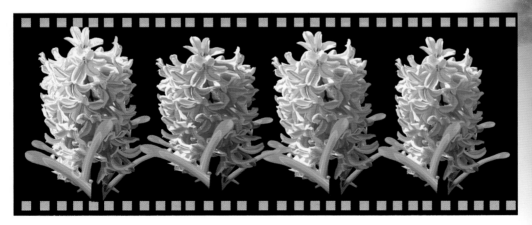

风信子的茎具有肉质，外表有一层膜质外皮；叶子从基部生长，呈长椭圆形的披针形状，质地比较厚实，顶端也比较圆钝；花朵簇生在一起，6瓣花瓣向外翻卷，形态非常特别。

245

你知道吗？

　　风信子喜欢在阳光充足、气候温暖的环境里生活，但不要被阳光直接暴晒，稍微凉爽干燥通风的环境最适合它们生长。土壤肥沃、排水性能良好的沙质土壤更利于风信子的健康生长。栽种风信子不仅可以土栽还可以水培。

虞美人

虞美人是罂粟科的一种一年生草本花卉，它们的茎梗很长，叶子在基部对生，叶片狭长，基端椭圆，顶端稍尖，花朵单生在赤裸的花梗顶端。

虞美人的花梗和苞叶上都有短短的硬毛，在没有开花的时候，花苞整个垂向地面，等到花开时节，花梗就会直立，花朵朝向天际，颜色有红色、粉色、白色等。有的品种的花瓣边缘有斑点，美丽而娇艳，是观赏花卉中的优良品种。

虞美人喜欢在阳光充足的环境下生长，它们比较耐寒，但不能忍受高温旱地。虞美人还喜欢疏松肥沃、排水性能良好的沙质土壤，这样的环境更有利于它们的健康生长。

虞美人不仅能供人观赏，还能当作药材入药，虞美人的花和全草都有药用价值，主要功能是清热解毒、祛湿降燥，治疗痢疾、感冒发热等病症。

儿童植物百科全书

观赏植物

会休眠的种子

虞美人的种子可以在土壤中休眠，待到有外界力量翻动土地时，它便发芽成长起来。从前，农田里总是长出虞美人，但人们往往把它们当作杂草处理了。

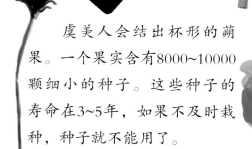

你知道吗?

虞美人原产于欧亚大陆的温带地区，又名"丽春花"，是比利时的国花。第一次世界大战时，炮弹炸开泥土，使大量休眠的虞美人种子苏醒过来。战后，原来的战场上开出了成片的虞美人，人们自然将这些花朵当成了这场战争的象征，认为它们在悼念阵亡的将士。于是西方人在祭扫阵亡烈士墓的时候，常常会献上美丽的虞美人。

虞美人会结出杯形的蒴果。一个果实含有8000~10000颗细小的种子。这些种子的寿命在3~5年，如果不及时栽种，种子就不能用了。

唐菖蒲

唐菖蒲俗称"剑兰"，是一种多年生球根类观赏性花卉，属于鸢尾科。它们的茎粗壮直立，外皮裹着一层透明的薄膜，叶子在茎上互生，花朵在叶腋处结苞。

唐菖蒲是长日照植物，喜欢在阳光充足的环境里生长，不过夏季最好在凉爽通风的环境下种植，因为它们不能忍受过度的高温暴晒。而疏松肥沃、排水性能良好的深厚沙质土壤则可以让它们更健康地生长。

唐菖蒲的花朵呈硕大的漏斗型，不仅可以作为观赏花卉，它们的球茎还可以入药，主要治疗跌打肿痛等症状，剑形的叶子中还可以提炼出维生素C，是一种非常有价值的植物。

你知道吗?

唐菖蒲的花可以剪下来插瓶，即"切花"。唐菖蒲与康乃馨、扶郎花、玫瑰一起并称世界"四大切花"。唐菖蒲的叶子就像一把剑，直挺挺地从茎上斜着长出来，而且它们的花朵非常像兰花，所以人们也把它们叫作"剑兰"。

仙客来

　　仙客来是报春花科的一种多年生观赏性草本花卉。它们具有肉质的球茎，叶柄从基部的球茎处伸出，继而叶子在叶柄上长出，叶片阔大，基部圆润微微内卷，花苞从花梗顶端单生出来，花朵硕大，颜色丰富。

　　仙客来原产于温暖湿润的地中海地区，冬季开花，花期可达5个月，正好用来满足圣诞、元旦和春节等传统节日的观赏需要。人工栽培仙客来的历史已经有300多年了。18世纪时，德国是栽培仙客来的中心，随后遍及整个欧洲。

　　仙客来喜欢在湿润凉爽的气候下生长，最好阳光充足，但它们不能忍受高温高热，所以不能被阳光直接暴晒。土质疏松肥沃、排水性能良好的微酸性沙质土壤有利于仙客来的生长。

　　仙客来的叶子呈心脏形，边缘有细小的不规则裂齿，叶表有白色或者是黄褐色的色斑，花朵垂向地面，花瓣却翻卷向上开放，花色有红色、粉色、白色、紫红色等，具有非常高的观赏性。

小心仙客来！

　　仙客来本身具有一定的毒性，特别是它们的球茎部分，不小心误食后会引起呕吐、拉肚子等症状，皮肤触碰到后还会出现红肿瘙痒，所以要格外注意，不要误食仙客来。

猪面包

　　猪很喜欢吃仙客来的块茎，所以仙客来也被叫作"猪面包"。现在人们能识别的仙客来有20多个品种。

天竺葵

天竺葵是一种牻牛儿苗科多年生草本花卉，它们茎直立，叶子从基部互生，花朵在花梗顶端簇生，有花色为红色、桃红色、白色和一些变异的边缘为花纹的品种，形态多种多样，具有非常高的观赏性。

天竺葵原产于非洲南部地区，喜欢气候温暖、阳光充足的生活环境，不能忍受寒冷，也不耐涝，气温低于10℃就不能正常生长。最好将天竺葵种植于土质疏松、排水性能良好的沙质土壤中，而且不能过多地施大肥，不然它们就会只长叶子不开花了。

会"变身"的天竺葵

天竺葵还有一个"变身"的本领。它们的花色会随着土壤的酸碱度而改变，在酸性土壤中天竺葵是蓝色的，中性土壤中则是乳白色，如果栽到碱性土壤里，它又变成了紫色或红色的。所以，培育天竺葵可以通过改变土壤酸碱度来获得需要的颜色。

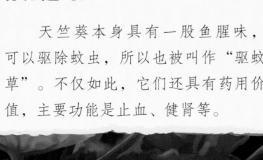

你知道吗？

天竺葵本身具有一股鱼腥味，可以驱除蚊虫，所以也被叫作"驱蚊草"。不仅如此，它们还具有药用价值，主要功能是止血、健肾等。

扶　桑

　　扶桑是一种锦葵科常绿型灌木或者小乔木，花开后具有很高的观赏性。它们主干直立，上面有许多分枝，叶子在枝干上互生，花朵在叶腋处单生，颜色众多，非常漂亮。

　　扶桑的叶子和桑树叶子比较像，基部为圆钝形，顶端比较尖，边缘有细小的锯齿。花朵在叶腋处单生，花朵硕大，花瓣反向翻卷，由许多小花蕊组成的花心高于花瓣直立，形态非常特别。

　　扶桑不仅花形独特，整个植株还可以入药，其中根部的药用价值比较大，主要功能为清热解毒、消肿利尿，可以治疗一些炎症和肺热咳嗽等疾病。

你知道吗？

　　扶桑是一种强阳性植物，喜欢阳光充足、温暖湿润的环境，不耐寒也不耐旱，在土质疏松肥沃、排水性能良好的微酸性土壤中种植能更好地生长。冬季气温低于12℃就会影响扶桑的正常生长，若低于5℃，扶桑就会枯黄落叶。

佛　手

佛手是一种常绿型灌木或小乔木，属于芸香科。它们的果肉馥郁香甜，具有很高的观赏及营养价值，整个果实的形态和人手的形态又很相像，因此而得名"佛手"。

佛手喜欢在阳光充足、温暖湿润的环境下生长，不能耐寒也不能耐旱，种植在土质疏松肥沃、排水性能良好的微酸性沙质土壤中，更利于它们的健康成长。

佛手有很高的药用价值，是一种名贵的药用植物，主要功能是止咳化痰、消除腹部胀气、健胃健脾等，还可以有效治疗胃寒、呕吐等病症。佛手的果实还可以食用，色泽金黄，形状犹如手一般变化多姿。

知名的佛手品种

佛手又名"九爪木"，种植于我国南方冬季没有冰冻的地区，以两广最多，因此也被叫作"广佛手"。另外还有产于四川的"川佛手"，而产于浙江金华的"金佛手"最负盛名。

你知道吗？

佛手基部的老枝为灰绿色，已经呈现很明显的木质化；上面的嫩枝为紫红色，柔韧性比较强，枝条上还长有比较短的小硬刺。叶子在枝条上互生，有的叶子比较狭长，有的则为倒卵长椭圆形。花朵在枝头顶端单生。

桔　梗

桔梗是桔梗科多年生的野生观赏性草本植物。它们的根部形状像胡萝卜，具有肉质，茎直立，主茎上有许多分枝，叶子在茎上对生，花朵在茎顶端单生，颜色为紫色、白色等。

桔梗的茎和花苞上没有细小的腺毛，非常光滑。叶子多为卵形，也有狭长的披针叶。花朵硕大，有点儿像裂开的喇叭，5片花瓣微微外翻，花香清幽。桔梗不仅花朵别具一格，植株更是极具药用价值，它们的主要功能是止咳润肺，治疗咽喉肿痛、感冒咳嗽等病症。

桔梗喜欢在阳光充足、气候湿润的环境下生长，微酸性沙质土壤更利于其健康成长。它们的根系一般比较深，所以最好种植在深厚的土层中，同时排水性能要好，这样它们的根系才不会被水泡烂。

你知道吗？

桔梗又名"铃铛花""僧帽花"，我国大量种植，朝鲜半岛、日本和西伯利亚东部地区也是桔梗的重要产地。

玉叶金花

　　玉叶金花是一种茜草科常绿型攀缘灌木，茎比较柔韧，叶子在茎上对生，花朵很小。而玉叶金花最出名的地方就是变形的叶片状花萼，这也是它们名字中"玉叶"的由来。

　　玉叶金花喜欢阳光，是典型的阳性植物，一天中最少也要接受半天的日照，不过在夏季它们不能直接被阳光暴晒，因为植株体内的水分会蒸发得很快。最好将玉叶金花种植在土质疏松、排水性能良好、腐殖质丰富的沙质土壤中，这样它们能更好地生长。

　　玉叶金花的叶子为卵形椭圆状的披针叶，表面有少数绒毛，背面则有柔毛。玉叶金花的花朵很小，为金黄色，花萼有5片，其中一片变形为叶片状，这样的独特形态让它们备受瞩目。

　　玉叶金花不仅花形独特，植株也具有很高的药用价值，它们的主要功能是清热降暑、止咳化痰，可以有效缓解中暑症状，还能治疗感冒、咳嗽等病症。

你知道吗？

　　玉叶金花已经成为濒危物种，1936年人们在广西大瑶山的山谷中发现了玉叶金花后，直到2008年8月才在江西石城的赣江源国家自然保护区找到了少量的玉叶金花。之后，再无发现。广西大瑶山海拔1200米，那里日光充足，土壤湿润，非常适合玉叶金花生长。

雪莲花

　　雪莲花是种菊科多年生草本植物，生长在雪域高原上。它的花朵不仅难得一见，更是一种珍稀的药草。整个植株很矮小，花朵盛开后的形状和莲花一样非常美丽。

　　雪莲花原产于新疆及周围地区，包括青海、四川、云南等省份，以及俄罗斯的中东部、蒙古及西伯利亚地区。花期通常在七八月份。雪莲花整株都被细小的腺毛覆盖，即使在雪域高原那种寒冷的环境下也能保暖，更能反射高原上透过稀薄的大气层直射的阳光辐射。

　　雪莲花的花朵硕大，花苞的苞叶为披针形，单生于茎端，颜色有白色、淡绿色、紫红色、淡黄色等。

保护大自然

对这些为我们提供生存资源的植物，我们一定要保护，只有按照自然规律去适度利用，它们才能更好地为我们服务，人与大自然的关系才会和谐而美好地发展下去。